Couvertures supérieure et inférieure
en couleur

LINNÉ FRANÇOIS.

TABLES.

LINNÉ FRANÇOIS,

OU

TABLEAU DU RÈGNE VÉGÉTAL

D'APRÈS LES PRINCIPES ET LE TEXTE DE CET ILLUSTRE NATURALISTE,

Contenant les Classes, Ordres, Genres et Espèces ; les caractères naturels et essentiels des Genres ; les phrases caractéristiques des Espèces ; la citation des meilleures Figures ; le climat et le lieu natal des Plantes ; l'époque de leur floraison ; leurs propriétés et leurs usages dans les Arts, dans l'Économie rurale et la Médecine :

Auquel on a joint l'Éloge historique de LINNÉ PAR VICQ-D'AZYR,

TOME V.

A MONTPELLIER,

Chez Auguste SEGUIN, Libraire.

1809.

OU

Série des Tables du Linné François.

RÈGNE VÉGÉTAL.

TABLE PREMIÈRE.

TABLE ALPHABÉTIQUE FRANÇOISE DES GENRES.

Le premier chiffre indique le *Tome* ; le second le *Numéro du genre* ; le troisième, le *nombre d'Espèces contenues dans chaque genre* ; le quatrième, la *page du Tome.*

A.

Abre,	III	924	1	276	Aizoon,	II	685	3	353
Acajou,	II	546	1	158	Ajonc,	III	932	1	290
Acanthe,	III	857	5	141	Albuce,	II	449	2	38
Acène,	I	173	1	216	Alcée,	III	905	2	238
Ache,	I	397	2	496	Alchemille,	I	177	3	218
Achillée,	III	1053	20	578	Aldrovande,	I	420	1	526
Achit,	I	153	6	201	Alétris,	II	461	5	59
Achyranthe,	I	311	6	387	Aliboussier,	II	599	1	214
Acnide,	IV	1219	1	204	Alisier,	II	678	9	337
Aconit,	II	737	7	425	Allemande,	I	321	1	397
Acore,	II	468	1	64	Allione,	I	123	2	174
Acrostich,	IV	1290	29	316	Allophyle,	II	611	1	112
Actée,	II	700	2	387	Aloès,	II	464	7	60
Adansone,	III	900	3	231	Alpinie,	I	4	1	6
Adèle,	IV	1245	3	136	Alstroèmère,	II	466	3	63
Adonis,	II	756	5	450	Alvarde,	I	76	1	100
Agalloche,	IV	1205	1	192	Alysson,	III	869	17	165
Agaric,	IV	1325	28	409	Amandier,	II	674	3	328
Agave,	II	465	4	62	Amaranthe,	IV	1156	22	118
Agérate,	III	1016	2	488	Amaranthine,	I	343	7	424
Agripaume,	III	780	5	47	Amaryllis,	II	439	11	20
Agrostème,	II	635	4	267	Ambrosie,	IV	1153	4	108
Agrostis,	I	86	22	113	Ambrosine,	IV	1118	1	45
Agynéie,	IV	1197	2	169	Amelie,	III	1055	2	583
Aigremoine,	II	663	3	295	Améthyste,	I	37	1	42
Ail,	II	442	39	23	Ammane,	I	163	3	209
Airelle,	II	523	12	119	Ammi,	I	365	3	453

Tome V.

A

	tome.	genre.	esp.	pag.		tome.	genre.	esp.	pag.
Amome,	I	2	4	4	Arec,	IV	1341	2	428
Amorpha,	III	933	1	291	Aréthuse,	IV	1099	4	22
Anabase,	I	340	3	422	Arétie,	I	208	8	268
Anacycle,	III	1051	4	573	Argan,	I	283	7	360
Anagyre,	II	552	1	172	Argémone,	II	702	3	395
Ananas,	II	427	7	7	Argousier,	IV	1210	2	196
Anastatique,	III	862	2	150	Arguse,	I	204	1	266
Ancolie,	II	741	4	429	Aristide,	I	100	4	139
Andrèze,	III	823	2	112	Aristoloche,	IV	1111	21	36
Andrachnée,	IV	1196	2	168	Armarinthe,	I	372	2	461
Andromède,	II	593	12	207	Armoise,	III	1025	24	500
Androsace,	I	209	6	269	Armoxelle,	III	1087	5	635
Andryale,	III	994	3	447	Arnique,	III	1038	7	553
Anémone,	II	752	25	439	Arroche,	IV	1260	13	268
Aneth,	I	394	3	491	Artédie,	I	363	1	450
Angélique,	I	377	5	469	Artichaud,	III	1007	4	471
Anguine,	IV	1190	4	157	Asclépiade,	I	333	22	409
Augurie,	IV	1129	3	72	Ascyre,	III	982	3	403
Anthéric,	II	455	15	46	Aspalathe,	III	931	29	286
Anthocère,	IV	1318	3	376	Asperge,	II	457	13	49
Antholyze,	I	64	7	77	Aspérule,	I	128	8	177
Anthosperme,	IV	1276	2	292	Asphodèle,	II	454	3	45
Antichore,	II	508	1	110	Aster,	III	1034	36	537
Antidesme,	IV	1216	1	202	Astragale,	III	965	42	357
Aphytée,	III	...	1	212	Astronie,	IV	1214	1	208
Aplude,	IV	1253	3	259	Athamanthe,	I	369	9	457
Apocin,	I	332	5	408	Athanasie,	III	1023	11	496
Aphyllanthe,	II	441	1	23	Atractyle,	III	1009	4	474
Aquartie,	I	142	1	191	Atragène,	II	753	3	444
Aquilice,	I	303	1	381	Atraphaxe,	II	484	2	79
Arabette,	III	882	10	189	Atrope,	I	266	6	339
Arachide,	III	937	1	301	Avicenne,	III	855	2	139
Aralie,	I	417	5	515	Avoine,	I	97	16	134
Arbousier,	II	596	5	211	Axyris,	IV	1138	4	89
Arctope,	IV	1278	1	294	Ayénie,	IV	1108	3	31
Arctotide,	III	1074	10	620	Azalée,	I	226	6	286
Arduine,	I	287	1	368					

B.

	tome.	genre.	esp.	pag.		tome.	genre.	esp.	pag.
Baccharis,	III	1029	8	518	Ballote,	III	778	5	43
Baeckée,	II	532	1	138	Balsamier,	II	516	8	114
Badamier,	IV	1261	1	270	Balsamine,	III	1093	7	647
Badiane,	II	746	2	434	Baltimore,	III	1068	1	613
Baguenaudier,	III	954	3	334	Bananier,	IV	1248	3	250
Balisier,	I	1	8	3	Bandure,	IV	1107	1	30

A 2

	tom.	genre.	esp.	pag.		tom.	genre.	esp.	pag.
Éphèdre,	IV	1242	2	233	Érythrine,	III	926	5	278
Épigée,	II	594	1	209	Érythrone,	II	447	1	37
Épilobe,	II	507	7	108	Érythroxyle,	II	625	2	255
Épimède,	I	154	1	202	Éthulie,	III	1014	5	484
Épinard,	IV	1218	2	203	Éthuse,	I	385	3	479
Épine-vinette,	II	476	2	73	Euclée,	IV	1236	1	236
Érable,	IV	1266	11	274	Eugénie,	II	671	7	323
Éranthème,	I	24	3	32	Eupatoire,	III	1015	23	485
Érine,	III	832	5	119	Euphorbe,	II	665	64	299
Ériocéphale,	III	1078	2	626	Euphraise,	III	799	7	77
Érithale,	I	265	1	326					

F.

	tom.	genre.	esp.	pag.		tom.	genre.	esp.	pag.
Fagarier,	I	157	4	205	Fontinale,	IV	1306	4	350
Fagone,	II	579	4	197	Forskaehle,	II	639	1	274
Ferrare,	IV	1104	1	29	Fothergille,	II	734	1	421
Férule,	I	373	9	462	Fragon,	IV	1246	5	237
Festuque,	I	94	16	127	Fraisier,	II	689	3	364
Févier,	II	577	9	194	Frankène,	II	481	3	76
Fouillée,	IV	1223	2	208	Frêne,	IV	1273	3	289
Ficoïde,	II	684	45	347	Fritillaire,	II	444	6	34
Figuier,	IV	1283	12	299	Fromager,	III	901	2	232
Filaria,	I	19	3	19	Froment,	I	105	13	144
Flagellaire,	II	486	1	85	Fuschie,	II	518	2	116
Fléau,	I	83	5	109	Fumeterre,	III	920	13	266
Flouve,	I	46	3	52	Fusain,	I	291	3	371
Fluteau,	II	495	8	91	Fusan,	IV	1265	1	274
Foin,	I	87	11	116					

G.

	tom.	genre.	esp.	pag.		tom.	genre.	esp.	pag.
Gaïac,	II	561	3	184	Gattilier,	III	853	4	137
Gainier,	II	553	2	173	Gaulthère,	II	595	1	210
Galanga,	I	5	2	6	Gaure,	II	506	1	108
Galanthe,	II	433	1	12	Gaurée,	II	515	1	114
Galax,	I	296	1	376	Genêt,	III	930	14	283
Galé,	IV	1211	6	197	Genevrier,	IV	1240	10	229
Galéga,	III	963	10	354	Gentiane,	I	332	31	430
Galéopside,	III	775	3	37	Gentianelle,	I	147	2	194
Galiène,	II	534	1	139	Genipayer,	I	271	1	351
Gantelée,	I	237	1	313	Geoffroie,	III	952	1	332
Garance,	I	134	5	186	Gérarde,	III	805	6	86
Gardène,	I	320	1	396	Germandrée,	III	764	35	11
Garidèle,	II	620	1	251	Géropogone,	III	983	3	419
Garou,	II	526	13	132	Gesnère,	III	807	3	88

A 4

M.

ULVE,

U.

V.

W.

X.

Y.

Z.

	tome.	genre.	esp.	pag.		tome.	genre.	esp.	pag.
Zamie,	IV	1286	1	310	Zinne,	III	1046	2	562
Zannichellie,	IV	1194	1	68	Zizane,	IV	1159	3	116
Zanonie,	IV	1222	1	207	Ziziphore,	I	39	4	43
Zanthoxyle,	IV	1213	2	200	Zoégéa,	III	1055	1	598
Zédoaire,	I	7	2	7	Zostère,	IV	1123	2	53

Fin de la première Table.

TABLE SECONDE.

TABLE ALPHABÉTIQUE LATINE DES GENRES.

LE premier chiffre indique le *Tome* ; le second le *Numéro du genre* ; le troisième , le *nombre d'Espèces contenues dans chaque genre* ; le quatrième , la *page du Tome.*

A.

	tome.	genre.	esp.	pag.
Annus,	III	914	1	276
Acæna,	I	173	1	216
Acalypha,	IV	1180	4	145
Acanthus,	III	857	5	141
Acer,	IV	1266	11	274
Achillea,	III	1053	20	578
Achras,	II	473	3	71
Achyranthes,	I	311	6	387
Acnida,	IV	1219	1	204
Aconitum,	II	735	7	425
Acorus,	II	468	1	64
Acrostichum,	IV	1290	29	816
Actæa,	II	700	2	387
Adansonia,	III	900	1	231
Adelia,	IV	1245	3	236
Adenanthera,	II	572	2	191
Adiantum,	IV	1297	22	338
Adonis,	II	756	6	450
Adoxa,	II	543	1	152
Ægilops,	IV	1256	6	262
Ægiphila,	I	158	1	206
Ægopodium,	I	398	1	497
Æschyno-mene,	III	960	7	343
Æsculus,	II	498	2	95
Æthusa,	I	385	3	479
Agaricus,	IV	1325	18	409
Agave,	II	465	4	62
Ageratum,	III	1016	2	488
Agrimonia,	II	663	3	295
Agrostema,	II	635	4	267
Agrostis,	I	86	23	113
Agyneia,	IV	1197	2	169
Aira,	I	87	11	116
Ajuga,	III	763	5	10
Aizoon,	II	685	3	353
Albuca,	II	449	2	38
Alcea,	III	905	2	238
Alchemilla,	I	177	3	218
Aldrovanda,	I	420	1	634
Aletris,	II	462	5	59
Alisma,	II	495	8	91
Allamanda,	I	321	1	397
Allionia,	I	123	2	174
Allium,	II	442	39	23
Allophyllus,	II	511	1	112
Aloë,	II	464	7	60
Alopecurus,	I	84	8	110
Alpinia,	I	4	1	5
Alsine,	I	411	3	511
Alstroëmeria,	II	466	3	63
Althæa,	III	904	4	237
Alyssum,	III	869	17	165
Amaranthus,	IV	1157	22	111
Amaryllis,	II	439	11	20
Ambrosia,	IV	1153	4	108
Ambrosinia,	IV	1118	1	45
Amellus,	III	1055	2	582

B.

	tome.	genre.	cap.	pag.		tome.	genre.	cap.	pag.
Baccharis,	III	1029	8	518	Boletus,	IV	1326	14	412
Baeckea,	II	532	1	138	Bombax,	III	901	4	232
Ballota,	III	778	5	43	Bontia,	III	854	1	139
Baltimora,	III	1068	1	613	Borassus,	IV	1336	1	425
Banisteria,	II	622	7	253	Borbonia,	III	928	6	279
Barleria,	III	848	7	133	Borrago,	I	200	5	261
Bartsia,	III	797	4	74	Bosea,	I	344	1	425
Basella,	I	413	4	512	Brabium,	IV	1262	1	271
Basia,	II	645	1	282	Brassica,	III	884	12	192
Batis,	IV	1208	1	193	Briza,	I	90	5	122
Bauhinia,	II	554	8	174	Bromelia,	II	427	7	7
Befaria,	II	648	1	284	Bromus,	I	95	23	129
Begonia,	IV	1165	1	121	Brossæa,	I	261	1	330
Bellis,	III	1042	2	558	Browallia,	III	834	3	126
Bellium,	III	1043	2	560	Brownæa,	III	898	1	230
Bellonia,	I	242	1	316	Brunsfelsia,	I	281	1	359
Berberis,	II	476	2	73	Brunia,	I	293	6	374
Bergera,	II	571	1	191	Bryonia,	IV	1194	7	165
Bergia,	II	631	1	263	Bryum,	IV	1311	34	356
Besleria,	III	813	3	100	Bubon,	I	380	4	474
Beta,	I	338	3	419	Buchnera,	III	833	6	121
Betonica,	III	776	5	39	Bucida,	II	602	1	217
Betula,	IV	1147	6	97	Buddleia,	I	146	2	193
Bidens,	III	1012	12	479	Buffonia,	I	180	1	220
Bignonia,	III	817	17	106	Bulbocodium,	II	440	1	32
Biscutella,	III	872	6	170	Bunias,	III	887	8	201
Bisserula,	III	966	1	365	Bunium,	I	366	2	454
Bixa,	II	710	1	398	Buphthalmum,	III	1059	10	588
Blæria,	I	145	3	192	Bupleurum,	I	353	15	442
Blakea,	II	647	2	283	Burmannia,	II	429	2	9.
Blasia,	IV	1316	1	374	Bursera,	II	475	1	72
Blechnum,	IV	1292	5	322	Butomus,	II	550	1	162.
Blitum,	I	14	3	12	Buttneria,	I	288	2	368.
Bobartia,	I	77	1	100	Buxbaumia,	IV	1307	1	351.
Bocconia,	II	643	1	281	Buxus,	IV	1148	1	99.
Boerrhaavia,	I	9	6	8	Byssus,	IV	1324	14	407,

C.

	tome.	genre.	cap.	pag.		tome.	genre.	cap.	pag.
Cacalia,	III	1013	16	481	Calamus,	II	470	1	66
Cachrys,	I	372	2	461	Calceolaria,	I	32	2	36
Cactus,	II	668	25	318	Calea,	III	1021	4	494
Cæsalpinia,	II	559	4	182	Calendula,	III	1073	8	618

B 4

D.

E.

F.

G.

L.

	tome.	genre.	esp.	pag.		tome.	genre.	esp.	pag.
Lachnæa,	II	531	2	138	Limodorum,	IV	1098	2	21
Lactuca,	III	988	8	428	Limonia,	II	582	3	199
Laelia,	II	718	2	402	Limosella,	III	837	2	124
Lagerstroe-mia,	II	725	1	407	Linconia,	I	335	1	413
Lagoecia,	I	306	1	384	Lindernia,	III	828	1	116
Lagurus,	I	98	2	137	Linnæa,	III	835	1	122
Lamium,	III	774	8	35	Linum,	I	419	22	519
Lantana,	III	824	9	112	Liparia,	III	950	6	329
Lapsana,	III	998	4	452	Lippia,	III	844	3	129
Laserpitium,	I	374	10	463	Liquidambar,	IV	1174	2	135
Lathræa,	III	801	4	81	Liriodendrum,	II	747	2	435
Lathyrus,	III	946	21	317	Lisianthus,	I	224	2	285
Lavandula,	III	769	4	25	Littospermum,	I	193	7	251
Lavatera,	III	907	9	244	Littorella,	IV	1145	1	96
Laugeria,	I	280	1	358	Lobelia,	III	1091	27	638
Laurus,	II	545	12	155	Loeflingia,	I	58	1	71
Lawsonia,	II	521	2	118	Loeselia,	III	826	1	115
Lechea,	I	116	2	153	Lolium,	I	101	4	139
Lecythis,	II	720	2	405	Lonchitis,	IV	1294	4	323
Ledum,	II	591	1	206	Lonicera,	I	250	13	321
Leea,	IV	1158	2	115	Loosa,	II	724	1	407
Lemna,	IV	1130	5	73	Loranthus,	II	478	9	74
Leontice,	II	456	4	48	Lotus,	III	969	18	377
Leontodon,	III	991	8	433	Ludwigia,	I	161	3	207
Leonurus,	III	780	4	47	Lunaria,	III	873	2	171
Lepidium,	III	865	20	154	Lupinus,	III	939	8	302
Lerchea,	III	891	1	212	Lychnis,	II	636	8	268
Leucoium,	II	434	3	13	Lycium,	I	273	4	352
Leysera,	III	1045	3	562	Lycoperdon,	IV	1333	15	419
Lichen,	IV	1319	101	377	Lycopodium,	IV	1302	25	345
Ligusticum,	I	376	7	467	Lycopsis,	I	202	7	263
Ligustrum,	I	18	1	19	Lycopus,	I	36	2	41
Lilium,	II	443	9	31	Lygæum,	I	76	1	100
Limeum,	II	499	1	96	Lysimachia,	I	219	9	280
					Lythrum,	II	660	10	292

M.

	tome.	genre.	esp.	pag.		tome.	genre.	esp.	pag.
Macrocne-mum,	I	241	1	315	Malachra,	III	903	2	236
Magnolia,	II	748	4	436	Malope,	III	908	1	246
Mahernia,	I	424	2	530	Malpighia,	II	621	9	252
					Malva,	III	906	23	239

N.

	tome.	genre.	esp.	pag.		tome.	genre.	esp.	pag.
Naïas,	IV	1198	1	180	Neurada,	II	640	1	275
Nama,	I	346	2	427	Nicotiana,	I	265	7	337
Napæa,	IV	1244	2	235	Nigella,	II	742	5	431
Narcissus,	II	436	14	15	Nigrina,	I	228	1	288
Nardus,	I	75	4	99	Nissolia,	III	923	2	275
Nauclea,	I	239	1	314	Nitraria,	II	638	1	290
Nepenthes,	IV	1107	1	30	Nolana,	I	206	1	267
Nepeta,	III	768	15	22	Nyctanthes,	I	16	5	17
Nephelium,	IV	1151	1	106	Nymphæa,	II	709	4	397
Nerium,	I	323	4	399	Nyssa,	IV	1275	1	292

O.

	tome.	genre.	esp.	pag.		tome.	genre.	esp.	pag.
Obolaria,	III	840	1	125	Ophrys,	IV	1096	19	14
Ochna,	II	714	2	401	Orchis,	IV	1094	34	5
Ocymum,	III	790	13	65	Origanum,	III	784	11	53
Ædera,	III	1082	1	631	Ornithogalum,	II	451	12	40
Ænanthe,	I	382	5	475	Ornithopus,	III	957	4	339
Ænothera,	II	505	10	106	Orobanche,	III	841	8	126
Olax,	I	49	1	67	Orobus,	III	945	9	315
Oldenlandia,	I	162	8	208	Orontium,	II	469	1	65
Olea,	I	20	3	20	Ortegia,	I	57	2	71
Olyra,	IV	1136	1	80	Oryza,	II	483	1	78
Omphalea,	IV	1139	2	90	Osbeckia,	II	503	1	105
Onoclea,	IV	1287	2	311	Osmites,	III	1063	3	596
Ononis,	III	935	25	294	Osmunda,	IV	1289	18	313
Onopordum,	III	1006	4	470	Osteosper-				
Onosma,	I	199	3	260	mum,	III	1075	9	624
Ophiorrhiza,	I	223	2	284	Osyris,	IV	1203	1	190
Ophioglos-					Othonna,	III	1076	19	624
sum,	IV	1288	7	311	Ovieda,	III	850	2	135
Ophioxylon,	IV	1264	1	273	Oxalis,	II	634	16	264
Ophira,	II	525	1	131					

P.

	tome.	genre.	esp.	pag.		tome.	genre.	esp.	pag.
Pæderia,	I	317	1	395	Parietaria,	IV	1259	6	266
Pæderota,	I	27	1	30	Paris,	II	542	1	151
Panax,	IV	1280	3	296	Parkinsonia,	II	556	1	176
Pancratium,	II	437	7	18	Parnassia,	I	415	1	513
Panicum,	I	82	33	105	Parthenium,	IV	1154	2	109
Papaver,	II	704	9	391	Paspalum,	I	81	5	105

Tome V.

C

X.

Fin de la seconde Table.

TABLE TROISIÈME.

TABLE FRANÇOISE NUMÉRIQUE DES GENRES.

Le premier chiffre indique le *Tome*, le second la *page du Tome*.

C 3

C 4

Tome V. D

D 2

Fin de la troisième Table.

TABLE QUATRIÈME.

TABLE ALPHABÉTIQUE NOSOLOGIQUE (*).

Le premier chiffre indique le *Tome*, le second la *page du Tome*.

A.

Abcès.
Salicornia herbacea, L. I 9

Acreté alkaline des
humeurs.
Rubus idœus, L. II 361

Acreté dartreuse, *Voy.*
Dartres.

Acreté galeuse, *Voyez*
Gâle.

Acrimonie.
Rhamnus Ziziphus, L. II 368

Accouchement difficile.
Aquilegia vulgaris, L. II 430
Cheiranthus Cheiri, L. III 184

(*) Nous croyons devoir prévenir nos Lecteurs que quoique nous ne soyons pas médecins, nous pouvons les assurer qu'ils peuvent accorder toute confiance aux propriétés et vertus des Plantes que nous avons énoncées dans le texte de notre Ouvrage après le signalement et la synonymie de chaque espèce médicinale ; vû que nous avons puisé nos assertions dans des Ouvrages publiés par de célèbres Praticiens. Mais comme nous sommes convaincus que les matières médicales des meilleurs Auteurs présentent des propriétés, souvent déduites ou de la doctrine des signatures, ou des qualités sensibles, ou des affinités naturelles, sans être étayées par l'observation clinique, nous avons cru sur-tout devoir consulter pour chaque article, l'Auteur des *Démonstrations élémentaires de Botanique*, Médecin et Botaniste qui, comme nous nous en sommes assurés depuis 15 ans, a toujours fait ses observations avec méthode et réflexion. La confiance dont il jouit depuis 30 ans dans une des villes les plus populeuses de France, lui a fourni toutes les occasions de vérifier les propriétés de la plupart des Plantes journellement prescrites.

Nous aurions même désiré pouvoir imiter en annonçant les propriétés des Plantes, la méthode adoptée par le Dr. *Gilibert*, savoir, d'indiquer rigoureusement les espèces et les variétés des maladies pour lesquelles la plante est prescrite. Mais nous supposons que nos Lecteurs médecins ont toutes les connoissances acquises sur les principes philosophiques de la thérapeutique, ou sur les véritables indications des remèdes dans les différens temps et dans les différentes circonstances des maladies. Nous n'avons pu, ayant adopté la méthode de *Linné* pour la matière médicale, indiquer le plus souvent comme lui, que les genres, renvoyant toujours pour les cas particuliers où chaque plante peut être appliquée, aux détails fournis par l'Auteur des *Démonstrations élémentaires de Botanique*, comme nous l'avons annoncé dans notre Préface, que pour les détails des descriptions et adombrations des espèces généralement cultivées dans les jardins, nous renvoyons constamment à cet Ouvrage, le regardant comme un supplément nécessaire au *Système des Plantes.*

D 3

Tome V.   E

E 2

E 3

E 4

Fin de la quatrième Table.

TABLE CINQUIÈME.

TABLE ALPHABÉTIQUE PHARMACEUTIQUE.

Le premier chiffre indique le *Tome*, le second la *page du Tome*.

A.

F 3

B.

B.

F.

Mauve.

G 3

G 4

Fin de la cinquième Table.

TABLE SIXIÈME.

TABLE ALPHABÉTIQUE LATINE

Des Plantes qui peuvent servir de nourriture au Cheval, au Bœuf, au Mouton, au Cochon, à la Chèvre, au Coq, au Dindon, au Canard, à l'Oie.

Le premier chiffre indique le *Tome*, le second la *page du Tome.*

A.

B.

C.

P.

R.

Rubus

Fin de la sixième Table.

TABLE SEPTIÈME.

TABLE DES PLANTES COLORANTES.

CLASSE I.
MONANDRIE.
MONOGYNIE.

	PARTIES.	COULEURS.
Curcuma rotunda, L. . .	Racine.	Jaune.
———— longa, L. . . .	Racine.	Jaune.

CLASSE II.
DIANDRIE.
MONOGYNIE.

Jasminum officinale, L. .	Jeunes branches.	Vigogne dorée très-solide.
———— fruticans, L. .	Feuilles et brindilles.	Beau citron solide.
Ligustrum vulgare, L. .	Écorce.	Jaune terne.
Phillyrea media, L. . .	Brindilles en feuilles.	Jaune tendre non solide.
Olea Europæa, L. . . .	Brindilles en feuilles.	Citron clair et vigogne dorée.
Chionanthus Virginica, L.	Feuilles.	Merde d'oie dorée et solide.
Syringa vulgaris, L. . .	Gros bois sec.	Jaune-brun.
—————————	Jeunes branches et épis des graines vertes.	Noisette vigogne et vigogne dorée.

	PARTIES.	COULEURS.
Veronica officinalis, L. .	Plante séchée à l'ombre.	Ronce d'Artois très-unie et solide.
——— *serpillifolia*, L.	Tiges fleuries.	Teinte blonde.
——— *Chamædrys*, L.	Plante verte.	Ronce d'Artois brillante et jaune blafard.
——— *hederæfolia*, L.	Plante verte.	Bruniture de jaune-olivâtre transparente et très-solide.
Verbena officinalis, L. .	Tiges fleuries.	Musc clair solide.
Lycopus Europæus, L. .	Feuilles et tiges fleuries.	Merde d'oie olivâtre médiocre.
Rosmarinus officinalis, L.	Brindilles en feuilles.	Jaune ravanelle opaque, et musc olivâtre.
Salvia officinalis, L. . .	Souche et tige ligneuse.	Musc terne, sale.

CLASSE III.

TRIANDRIE.

MONOGYNIE.

Crocus sativus, L. : . .	Pistil.	Jaune safran.
Iris Germanica, L. . .	Corolles.	Verte.

DIGYNIE.

Bromus secalinus, L. . .	Panicule des fleurs.	Verte.
——— *tectorum*, L. . .	Feuilles, tiges et épis dans l'état purpurin qui annonce sa prochaine maturité.	Gris ardoisé, jaune brunâtre olivâtre, gris foncé, gris verdâtre.
Arundo Phragmites, L. .	Panicule des fleurs.	Verte.

CLASSE IV.
TÉTRANDRIE.
MONOGYNIE.

	PARTIES.	COULEURS.
Cephalanthus Occidentalis, L.	Branches.	Jaune mordoré.
Dipsacus fullonum, L. .	Racines.	Grisaille terne.
Scabiosa Succisa, L. .	Fleurs séchées.	Nuance de soufre légère.
Asperula tinctoria, L. .	Racine.	Rouge.
Galium verum, L. . . .	Écorce des racines.	Fausse écarlate ou rouge exalté.
——— Mollugo, L. . .	Écorce des racines.	Rouge brun et rouge cannelle.
——— Boreale, L. . .	Feuilles et tiges vertes.	Vigogne terne et sale.
Rubia Tinctorum, L. . .	Racine.	Rouge marron très-solide.
Plantago lanceolata, L.	Feuilles vertes.	Grisaille noisette.
Sanguisorba officinalis, L.	Toute la plante.	Belle nuance de musc.
Cornus mascula, L. . .	Écorce des racines.	Noisette rosée fort solide.
. . . .	Écorce fraîche d'une branche de dix-huit années de crue.	Jaune doré fort riche et solide.
——— sanguinea, L. .	Baies mûres.	Merde d'oie terne et peu solide.
——— alba, L. . . .	Jeunes branches.	Musc doré.

H 3

	PARTIES.	COULEURS.
Elæagnus angustifolia, L.	Brindilles en feuilles.	Noisette un peu violente.
Santalum album, L. . .	Bois.	Jaune.

DIGYNIE.

Cuscuta Europæa, L. . .	Plante.	Roux fugace.

TÉTRAGYNIE.

Ilex aquifolium, L. . .	Jeunes branches et feuilles.	Ventre de crapaud.

CLASSE V.

PENTANDRIE.

MONOGYNIE.

Lithospermum arvense, L.	Tiges fraîches fleuries.	Citron verdâtre et nankin clair.
—— *fruticosum*, L.	Racine.	Rouge.
Anchusa officinalis, L. .	Corolles.	Verte.
Symphytum officinale, L.	Feuilles et tiges fleuries.	Musc très-solide.
Borrago officinalis, L. .	Feuilles et tiges fleuries.	Merde d'oie sale.
Lycopsis arvensis, L. .	Plante fraîche et fleurie.	Nankin clair un peu jaune mat.
Echium vulgare, L. . .	Racine ; feuilles et tiges fleuries.	Olivâtre sale ; vigogne olivâtre.
Lysimachia vulgaris, L.	Racine ; tiges fleuries.	Musc opaque solide ; gris jaunâtre.
Convolvulus arvensis, L.	Traînasses en feuilles et fleuries.	Musc clair.
—— *sepium*, L. . .	Racines.	Cannelle très-unie et solide.

	PARTIES.	COULEURS.
Campanula rotundifolia, L.	Feuilles et tiges fleuries.	Vigogne dorée.
———— *pyramidalis* , L.	Tiges fleuries.	Musc clair.
Lonicera Periclymenum, L.	Sarmens ou branches en feuilles.	Vigogne douce.
———— *Alpigena* , L. .	Jeunes branches.	Jaune abricot.
———— *cærulea* , L. . .	Jeunes branches.	Vigogne dorée.
———— *Diervilla* , L. . .	Brindilles en feuilles.	Musc doré.
Verbascum phlomoïdes , L.	Feuilles et tiges fleuries.	Vigogne jaunâtre.
Hyoscyamus niger , L. .	Plante fleurie.	Olive sale solide.
Nicotiana Tabacum , L.	Feuilles cueillies mûres et séchées sans apprêt.	Musc très-beau.
. . . .	Feuilles vertes.	Musc clair ou vigogne dorée très-solide.
Atropa Belladona , L. .	Feuilles et tiges.	Olive fade et jaunâtre.
Solanum Dulcamara , L.	Sarmens.	Olive grisaille.
———— *tuberosum*, L. .	Feuilles vertes et tiges fleuries.	Citron clair.
———— *Lycopersicum*, L.	Tiges et feuilles.	Jaune passable et grisaille sale.
Capsicum annuum , L. .	Feuilles, tiges et gros fruits encore verts.	Citron.
. . . .	Tiges, feuilles et fruits mûrs séchés à l'ombre.	Jaune sale et vigogne.

H 4

	PARTIES.	COULEURS.
Genipa Americana , L. .	Baies vertes.	Noire.
Rhamnus catharticus , L.	Branches ligneuses et fraiches.	Jaune verdâtre.
. . . .	Bois sec avec son écorce.	Mordorée tannée.
. . . .	Brindilles sans feuilles.	Carmélite.
——— Infectorius , L. .	Baies.	Jaune.
——— Frangula , L. . .	Baies mûres et fraiches.	Très-beau noir transparent bleuâtre.
——— Alaternus , L. . .	Menues branches ou brindilles en feuilles fraiches.	Jaune souci.
——— Paliurus , L. . .	Branches fraiches et feuillées.	Jaune mordoré.
Ceanothus Americanus, L.	Branches en feuilles.	Nankin cannelle.
Celastrus scandens , L. .	Sarmens.	Jaune brun.
Evonymus Europæus , L.	Écorce du bois de neuf ans.	Noisette tendre.
. . . .	Fruits mûrs.	Olive clair.
Ribes rubrum , L.	Petites branches ou brindilles.	Noisette rosée un peu foncée bien solide.
. . . .	Fruits.	Nankin.
——— nigrum , L. . .	Fruits mûrs.	Musc foncé.
——— Uva crispa , L.	Branches en feuilles.	Vigogne dorée.
. . . .	Peaux des fruits violets.	Lilas et beau violet solide.

	PARTIES.	COULEURS.
Hedera Helix, L.	Bois, feuilles.	Jaune chamois.
. . . .	Baies mûres.	Gris olivâtre.
Vitis vinifera, L. . . .	Sarmens, pousses de l'année précédente.	Musc bien solide.
Vinca major, L.	Sarmens en feuilles.	Vigogne dorée solide.
Nerium Oleander, L. . .	Jeunes branches et feuilles.	Merde d'oie solide.

DIGYNIE.

Periploca Græca, L. . .	Tiges ou sarmens.	Jaune ravanelle opaque et musc clair doré.
Asclepias Syriaca, L. .	Feuilles et tiges.	Olive solide.
———— *Vincetoxicum*, L.	Tiges et feuilles fraiches.	Citron tendre et brillant.
Chenopodium Vulvaria, L.	Plante entière.	Citron verdâtre.
Ulmus campestris, L. var. *angustifolia*	Première et seconde écorce.	Mordorée.
Gentiana Centaurium, L.	Plante fleurie.	Jaune rougeâtre.
Eryngium campestre, L.	Feuilles vertes, tiges en boutons.	Vigogne claire.
Daucus Carotta, L. . .	Feuilles et tiges fleuries.	Jaune verdâtre.
Athamanta Libanotis, L.	Plante fraiche.	Musc olivâtre.
Angelica sylvestris, L. .	Racines, feuilles, tiges.	Vigogne dorée.
Sium latifolium, L. . .	Feuilles et tiges fleuries.	Vigogne foible.
Œnanthe pimpinelloïdes, L.	Tiges mûres.	Olive jaunâtre solide.

	PARTIES.	COULEURS.
Æthusa Cynapium , L. .	Feuilles et tiges fleuries.	Citron verdâtre.
Scandix odorata , L. . .	Feuilles et tiges vertes.	Merde d'oie claire.
—— *Pecten* , L. . .	Plante en graines vertes.	Citron clair.
Chærophyllum sylvestre , L.	Ombelles.	Jaune.
Thapsia villosa , L. . .	Ombelles.	Jaune.
Pastinaca sativa , L. . .	Tiges fleuries.	Vigogne dorée.
Anethum Fœniculum , L.	Tiges fleuries.	Jaune citron et ombre de jaune.

TRIGYNIE.

	PARTIES.	COULEURS.
Rhus Coriaria , L. . . .	Jeunes tiges et feuilles vertes.	Merde d'oie.
—— *Vernix* , L. . .	Bois , écorce.	Olivâtre sale.
—— *Toxicodendrum* , L.	Brindilles.	Musc doré bien solide.
—— *Cotinus* , L. . .	Jeunes branches en feuilles.	Musc doré très-riche et solide.
Viburnum Tinus , L. . .	Brindilles ou jeunes branches fraiches.	Noisette foncée rosée.
—— *Lantana* , L. . .	Brindilles.	Vigogne dorée très-solide.
—— *Opulus* , L. . .	Branches et brindilles en séve.	Puce et presque prune.
Sambucus Ebulus , L. . .	Baies mûres et prêtes à passer à la fermentation vineuse.	Gris bleuâtre.
—— *nigra* , L. . . .	Gros bois.	Gris brun olivâtre.

	PARTIES.	COULEURS.
Sambucus nigra , L. . .	Écorce ou brindilles.	Olive jaunâtre.
. . . .	Fleurs séchées à l'ombre.	Musc.
. . . .	Pédicules et fleurs fraiches.	Vigogne cannelle;
. . . .	Baies mûres fraichement cueillies.	Bleu tendre et bleu de roi.
. . . .	Baies mûres parvenues à la fermentation acéteuse.	Musc cannelle très-solide.
———— racemosa , L. .	Jeunes branches en feuilles.	Merde d'oie très-dorée.
Staphylea pinnata , L. .	Brindilles en feuilles.	Cannelle tendre brillante et solide.
Tamarix Gallica , L. . .	Brindilles fraiches.	Citron terne.
Basella rubra , L. . . .	Baies.	Violet fugace.

CLASSE VI.

HEXANDRIE.

MONOGYNIE.

Fritillaria Imperialis , L.	Feuilles , tiges défleuries.	Jaune omelette terne.
Calamus Rotang , L. . .	Suc épaissi.	Rouge.
Berberis vulgaris , L. . .	Racines , écorce , jeunes branches , feuilles.	Jaune pur et brillant, fugace.

TRIGYNIE.

Rumex Patientia , L. . .	Racines desséchées.	Musc foncé solide.
———— sanguineus , L. .	Plante entière.	Beau musc.

	PARTIES.	COULEURS.
Rumex maritimus , L. .	Plante entière.	Jaune.
—— *aquaticus* , L. .	Racines fraiches.	Jaune un peu rosat, et nuance olivâtre gaie et solide.
—— *Acetosa* , L. . .	Racines.	Bon musc doré.
Colchicum autumnale , L.	Fleurs.	Olive jaunâtre, brillant et solide.

CLASSE VII.
HEPTANDRIE.
MONOGYNIE.

Æsculus Hippocastanum,L.	Écorce en séve.	Jaune mordoré.
—— *Pavia* , L. . .	Branches en feuilles.	Musc – cannelle transparent.

CLASSE VIII.
OCTANDRIE.
MONOGYNIE.

Tropæolum minus ? L. . .	Tiges en feuilles, fleurs, graines.	Musc clair olivâtre.
Epilobium angustifolium,L.	Tiges en fleurs.	Vigogne dorée.
Vaccinium Myrtillus , L.	Jeunes branches en feuilles vertes.	Vigogne mordorée.
Erica vulgaris , L. . . .	Branches.	Noisette foncée.
—— *cinerea* , L. . .	Épis fleuris.	Musc–doré.
Daphne Mezereum , L. .	Tiges effeuillées.	Musc clair et doré.
—— *Laureola* , L. .	Tiges feuillées.	Vigogne clair.

TRIGYNIE.

	PARTIES.	COULEURS.
Polygonum Bistorta, L.	Racines.	Poil de castor.
——— *Persicaria*, L. .	Plante entière.	Olivâtre grisaille.
——— *Orientale*, L. .	Fleurs.	Jaune savanelle.
——— *aviculare*, L. .	Plante entière.	Vigogne solide.
——— *Fagopyrum*, L.	Partie rouge des tiges fraiches et fleuries.	Musc tabac d'Espagne.
——— *scandens*, L. . .	Feuilles, tiges en fleurs et fruits à demi-mûrs.	Musc-nankin, presque cannelle très-solide.
——— *Convolvulus*, L.	Plante séchée à l'ombre.	Musc-nankin, citron doré très-solide et diaphane.

CLASSE IX.
ENNÉANDRIE.
MONOGYNIE.

Laurus nobilis, L. . . .	Jeunes branches en feuilles.	Musc doré.
——— *Sassafras*, L. . .	Écorce.	Orangée.

CLASSE X.
DÉCANDRIE.
MONOGYNIE.

Sophora Japonica, L. .	Branches.	Citron pâle et ventre de biche terne.
Cercis Siliquastrum, L. .	Jeunes branches.	Nankin très-solide.
Cæsalpina Brasiliensis, L.	Bois.	Rouge.
——— *vesicaria*, L. .	Bois.	Rouge pourpre.

	PARTIES.	COULEURS.
Cæsalpina Sappan, L. .	Bois.	Pourpre.
Guilandina dioïca, L. .	Branches en feuilles.	Jaune-olive clair.
Ruta graveolens, L. . .	Feuilles et tiges vertes.	Citron-verdâtre et merde d'oie.
Hæmatoxylum Campechianum, L.	Bois.	Violet.
Melia Azedarach, L. . .	Branches.	Rosée.
Melastomæ species aliquot.	Baies.	Noire.
Arbutus Uva ursi, L. . .	Feuilles.	Cendrée.

TRIGYNIE.

Cucubalus Behen, L. . .	Feuilles et tiges fleuries.	Merde d'oie presque musc.

PENTAGYNIE.

Sedum Telephium, L. . .	Tiges fleuries.	Noisette - nankin clair.

DÉCAGYNIE.

Phytolacca decandra, L.	Baies mûres et fraiches.	Jaune chamois sans reflet.
. . . .	Baies sèches.	Jaune chamois sans transparence.

CLASSE XI.
DODÉCANDRIE.
MONOGYNIE.

Asarum Europæum, L. .	Plante entière.	Musc clair olivâtre.
Lythrum Salicaria, L. .	Tiges fleuries.	Musc-marron bien solide.

DIGYNIE.

Agrimonia Eupatoria, L.	Feuilles et tiges.	Nankin doré, presque cannelle.

TRIGYNIE.

	PARTIES.	COULEURS.
Reseda Luteola , L. . . .	Plante entière verte; plante entière desséchée.	Jaune-verdâtre diaphane et charmant; jaune.
Euphorbia Cyparissias , L.	Tiges fleuries.	Merde d'oie solide.
———— palustris , L. .	Plante entière.	Jaune-verdâtre.

CLASSE XII.

ICOSANDRIE.

MONOGYNIE.

Philadelphus coronarius, L.	Brindilles sans feuilles.	Cannelle-rosée très solide.
Amygdalus Persica , L. .	Jeunes branches.	Cannelle claire.
. . . .	Bois des noyaux.	Nankin riche , ou musc un peu rosé; bien solide.
Prunus Lauro-Cerasus , L.	Jeunes branches et feuilles.	Mordorée.
———— Mahaleb , L. . .	Branches fraîches.	Cannelle claire rosée.
———— Armeniaca , L.	Jeunes branches.	Cannelle dorée.
———— Sibirica , L. . .	Brindilles sèches.	Merde d'oie dorée.
———— avium , L. . . .	Bois sec.	Cannelle dorée.
———— domestica , L. .	Écorce.	Jaune.
. . . .	Pruneaux.	Noisette assurée.
———— spinosa , L. . .	Racine.	Noisette-cannelle rosée.

	PARTIES.	COULEURS.
Prunus spinosa, L. . .	Fruits verts.	Jaune-musc,
. . . .	Fruits mûrs.	Puce.

DIGYNIE.

Cratægus torminalis, L. .	Branches d'une année.	Musc rougeâtre fort solide.
——— *Oxyacantha*, L.	Écorce ou jeunes branches fraiches.	Jaune mat mordoré.

TRIGYNIE.

Sorbus aucuparia, L. . .	Branches de deux ans.	Nankin-coton de Siam bien solide.

PENTAGYNIE.

Mespilus Germanica, L.	Écorce en séve.	Cannelle tendre.
——— *Pyracantha*, L.	Brindilles fraiches.	Mordorée-cannelle.
Pyrus communis, L. . .	Bois et écorce d'une branche de deux ou trois ans.	Cannelle fine.
——— *Malus*, L. . . .	Bois sec.	Marron clair très-franc et solide.
Spiræa opulifolia, L. .	Brindilles sans feuilles.	Nankin-blond très-élégant et solide.
——— *Filipendula*, L.	Feuilles et tiges fleuries.	Jaune terne et grisaille foncée.
——— *Ulmaria*, L. . .	Feuilles et tiges fleuries.	Citron jaune brillant.

POLYGYNIE.

Rosa Eglanteria, L. var. lutea.	Jeunes branches.	Bon musc doré clair.
——— *cinnamomea*, L.	Jeunes branches.	Nankin-cannelle.

Rosa

	PARTIES.	COULEURS.
Rosa canina , L.	Racines, gros bois.	Jaune fauve.
Rubus fruticosus , L. . . .	Racines.	Bruniture ou ombre de jaune.
———— odoratus , L. . .	Sarmens séchés.	Vigogne noisette.
Potentilla fruticosa , L. .	Plante entière.	Marron mordoré.
———— Anserina , L. .	Feuilles.	Mordorée solide.
Tormentilla erecta , L. . .	Racines fraiches.	Jaune, souci-verdâtre et noisette, muse très-solide.
¿ ¿ ¿	Racines dépouillées de leur écorce.	Vigogne-canhelle bien solide.
Geum urbanum , L. . .	Racines.	Musc doré.
Comarum palustre , L. . .	Racine.	Rouge.
Calycanthus floridus , L.	Branches.	Jaune jonquille

CLASSE XIII.
POLYANDRIE.
MONOGYNIE.

Actæa spicata , L. . . .		
Chelidonium majus , L. .	Racine.	Jaune sale et terne
Papaver Rhœas , L. . . .	Fleurs.	Noisette.
Gambogia Gutta , L. . . .	Suc épaissi.	Jaune.
Bixa orellana , L.	Fécule.	Rouge.
Tilia Europæa , L.	Écorce en séve.	Coton de Siam bien solide.
¿	Brindilles employées au mois de mai.	Vigogne bien assurée.

	PARTIES.	COULEURS.
Cistus Helianthemum , L.	Plante jeune fleurie.	Vigogne.
. . . .	Souche et racines.	Musc - brun très-solide.

DIGYNIE.

Pœnia officinalis , L. . .	Fleurs doubles.	Musc foncé très-solide.

TRIGYNIE.

Delphinium Consolida , L.	Corolle.	Bleuet
——— *Ajacis* , L. var. *multiplex.*	Feuilles et tiges en fleurs.	Citron verdâtre.

POLYGYNIE.

Liriodendrum tulipifera, L.	Jeunes branches en feuilles vertes.	Musc doré très-solide.
Anemone Pulsatilla , L. .	Plante entière et fleurie.	Vigogne claire assez solide.
——— *nemorosa* , L. . .	Feuilles.	Bruniture jaune.
Clematis Vitalba , L. . .	Sarmens.	Jaune.
Thalictrum flavum , L. .	Racine.	Jaune.
——— *aquilegifolium* , L.	Feuilles et tiges déjà jaunies par la maturité.	Vigogne avec reflet d'olive très-solide.
Ranunculus bulbosus , L.	Plante entière fleurie.	Vigogne.
——— *acris*, L.	Plante en fleur.	Musc olivâtre.
Helleborus fœtidus , L. .	Feuilles et tiges fleuries.	Abricot terne très-solide.
Caltha palustris , L. . .	Corolle.	Jaune.

CLASSE XIV.

DIDYNAMIE.

GYMNOSPERMIE.

	PARTIES.	COULEURS.
Teucrium Scorodonia , L.	Feuilles et tiges fleuries.	Jaune ravanelle assez agréable, et musc merde d'oie brillant et solide.
——— Chamædrys , L.	Tiges fleuries.	Jaune mat , olivâtre et solide.
Satureia hortensis , L.	Tiges fleuries.	Jaune olivâtre, ventre de crapaud.
Nepeta Cataria , L. . . .	Feuilles et tiges fleuries.	Vigogne dorée.
Lavandula Spica , L. . .	Tronc et tiges ligneuses.	Carmélite native.
Mentha aquatica , L. . .	Feuilles et tiges.	Musc olivâtre.
Glechoma hederacea , L.	Tiges fleuries.	Merde d'oie.
Lamium purpureum , L. .	Tiges fraiches et fleuries.	Citron-verdâtre , et ronce d'Artois.
Galeopsis Ladanum , L.	Plante fleurie.	Jaune opaque, merde d'oie.
——— Tetrahit , L. . .	Feuilles et tiges fleuries.	Musc clair.
. . . .	Plante en graines, et presque sèche.	Jaune terne et musc clair très-solide.
Betonica officinalis , L. .	Feuilles et tiges fleuries.	Musc foncé.
Stachys sylvatica , L. .	Feuilles.	Jaune.

I 2

	PARTIES.	COULEURS.
Ballota nigra , L. . . .	Tiges fleuries.	Merde d'oie intense et assurée.
Marrubium vulgare , L. .	Tiges fleuries.	Jaune olivâtre.
Leonurus Cardiaca , L. .	Tiges vertes et fleuries.	Brun foncé.
———— *marrubiastrum* , L.	Plante fleurie.	Merde d'oie dorée.
Clinopodium vulgare , L.	Feuilles et tiges fleuries.	Merde d'oie tirant sur le musc.
Origanum vulgare , L. . .	Sommités fleuries.	Musc.
Thymus vulgaris , L. . .	Feuilles et tiges.	Nuance olivâtre bien assurée.
———— *acinos* , L. . . .	Feuilles et tiges.	Ventre de crapaud.
Prunella vulgaris , L. . .	Plante entière fleurie.	Olive grisaille.

ANGIOSPERMIE.

Euphrasia officinalis , L.	Plante fraîche et fleurie.	Vigogne rembrunie bien solide, mais sans reflet.
———— *Odontites* , L. .	Bractées.	Rouge.
Melampyrum nemorosum , L.	Plante fleurie.	Olive-gris-sale.
———— *pratense* , L. . .	Plante fleurie.	Merde d'oie opaque.
Antirrhinum Linaria , L.	Plante fleurie.	Musc olivâtre.
———— *majus* , L. . . .	Tiges fleuries.	Vigogne solide.
———— *Orontium* , L. .	Plante entre fleurs et graines.	Beau musc-doré.
Scrophularia nodosa , L.	Tiges et feuilles.	Musc.
Bignonia Catalpa , Lk . .	Branches.	Noisette rosée.

	PARTIES.	COULEURS.
Vitex Agnus-castus , L.	Branches fraîches.	Brun olivâtre et sombre.
Acanthus mollis , L. . .	Herbe.	Jaune.

CLASSE XV.

TÉTRADYNAMIE.

SILICULEUSE.

Lepidium latifolium , L.	Tiges et feuilles.	Jaunâtre.
Thlaspi arvense , L. . .	Plante en graine, encore verte.	Citron terne, et joli musc clair très-solide.
Bursa pastoris , L. . . .	Plante entière.	Jaune terne.

SILIQUEUSE.

Erysimum officinale , L.	Plante fleurie.	Jaune olivâtre.
——— *Barbarea* , L. .	Feuilles.	Olive jaunâtre.
Cheiranthus incanus , L.	Feuilles et tiges.	Bruniture verdâtre non solide.
Isatis tinctoria , L. . .	Feuilles.	Bleue.

CLASSE XVI.

MONADELPHIE.

DÉCANDRIE.

Geranium moschatum , L.	Plante fleurie.	Jaune citron et jaune olivâtre.
——— *Robertianum* , L.	Plante fleurie.	Jaune intense mais olivâtre , et musc clair doré.

I 3

	PARTIES.	COULEURS.
Geranium rotundifolium, L.	Plante entière et fraiche.	Jaune foible et mat.
———— sanguineum , L.	Feuilles et tiges fleuries.	Musc doré très-solide.
Lavatera arborea , L. . .	Tiges et feuilles.	Jaune terne et verdâtre.
Hibiscus Syriacus , L. .	Bois.	Ventre de biche.
. . . .	Fleurs purpurines.	Musc fort solide.

CLASSE XVII.

DIADELPHIE.

HEXANDRIE.

Fumaria officinalis , L. .	Plante fraiche.	Jaune franc riche.

DÉCANDRIE.

Spartium junceum , L. .	Jeunes branches.	Jaune-musc ou ombre de jaune.
———— scoparium , L. .	Bois.	Aurore-mordorée.
Genista tinctoria , L. .	Tiges et brindilles.	Jaune-citron et jaune foncé mais terne.
———— pilosa, L. . . .	Brindilles vertes.	Citron et musc-doré.
———— Anglica , L. . .	Sommités fleuries.	Jaune-aurore bien doré.
Ulex Europæus , L. . .	Bois.	Jaune terne.
. . . .	Fleurs fraiches.	Jaune jonquille.
. . . .	Fleurs sèches.	Souci riche et beau jaune franc.
Amorpha fruticosa , L. .	Branches vertes.	Jaune-olivâtre.

	PARTIES.	COULEURS.
Ononis arvensis , L. . .	Tiges fleuries.	Vigogne jaunâtre.
———— Natrix , L. . .	Tiges fleuries.	Merde d'oie sale.
Anthyllis Vulneraria , L.	Plante.	Jaune.
Dolichos purpureus ? L. .	Semences sèches.	Nuance presque rose et couleur de chair tendre.
Lathyrus Aphaca , L. . .	Plante fraiche et fleurie.	Rouge d'Artois fort transparente.
———— sylvestris , L. . .	Tiges défleuries.	Vigogne dorée claire.
Vicia Faba , L.	Gousses ou cosses fraiches , vides de leurs fruits.	Olivâtre terne et sale.
. . . .	Gousses mûres et sèches.	Vert olive foncé.
Cytisus Laburnum , L. .	Jeune bois.	Ventre de biche bien solide.
———— hirsutus , L. . .	Brindilles en feuilles.	Olivâtre solide.
Robinia Pseudo-Acacia, L.	Bois vieux.	Musc doré.
. . . .	Jeunes branches.	Jaune citron.
———— hispida , L. . .	Branches sèches.	Jaune doré.
———— Caragana , L. .	Branches vertes.	Vigogne claire et solide.
Colutea arborescens , L. .	Branches fraiches.	Vigogne.
———— Orientalis , L. .	Branches fraiches.	Musc.
Coronilla Emerus , L. . .	Jeunes branches.	Olivâtre-jaune.
———— glauca , L. . .	Tiges et feuilles.	Vigogne très-belle.

	PARTIES.	COULEURS.
Hedysarum coronarium, L.	Fleurs fraîches.	Musc très-solide.
——— *Onobrychis*, L.	Feuilles vertes et tiges en boutons.	Vigogne bien solide.
··············	Plante en foin sec.	Carmélite.
Indigofera tinctoria, L. .	Feuilles.	Indigo.
Galega tinctoria, L. . .	··········	Bleue.
Astragalus galegiformis, L.	Tiges et feuilles.	Ventre de crapaud.
Trifolium Melilotus officinale, L.	Tiges fleuries.	Bruniture jaune.
——— *pratense*, L. . .	Plante en foin sec.	Jaune terne et olivâtre.
——— *agrarium*, L. . .	Feuilles et tiges fleuries.	Ravonelle terne.
Lotus hirsutus, L. . . .	Tiges et feuilles.	Coton de Siam bien assuré.
Medicago sativa, L. . .	Plante sèche.	Chamois ou vigogne claire.

CLASSE XVIII.

POLYADELPHIE.

ICOSANDRIE.

Citrus medica, L. . . .	Jeunes branches et feuilles.	Jaune-verdâtre.
——— *Aurantium*, L. .	Brindilles et feuilles sèches.	Jaune mat et verdâtre.

POLYANDRIE.

Hypericum perforatum, L.	Plante fleurie.	Jaune doré terne.

CLASSE XIX.
SYNGÉNÉSIE.
POLYGAMIE ÉGALE.

	PARTIES.	COULEURS.
Scorzonera Hispanica, L.	Racines.	Vigogne solide.
Sonchus oleraceus, L. . .	Feuilles et tiges fleuries.	Vigogne dorée.
———— *Plumieri*, L. . .	Feuilles vertes.	Vigogne dorée, transparente et très-solide.
Lactuca sativa, L. . . .	Feuilles et tiges en boutons.	Vigogne claire et dorée.
———— *Scariola*, L. . .	Plante entière.	Vigogne dorée solide.
Chondrilla juncea, L. .	Tiges fleuries.	Olivâtre foible et sale.
Hieracium umbellatum, L.	Plante.	Jaune.
Lapsana communis, L. .	Feuilles et tiges fleuries.	Jaune foible et terne.
Cichorium Intybus, L. .	Toute la plante.	Jaune pâle.
Arctium Lappa, L. . . .	Feuilles et racines.	Jaune-olivâtre vilain et sale.
Serratula tinctoria, L. .	Tiges et feuilles fanées à l'ombre.	Beau jaune franc et solide.
Cynara Scolymus, L. . .	Fanage.	Vigogne dorée bien solide.
Carthamus tinctorius, L.	Corolle.	Safran.
Bidens tripartita, L. . .	Feuilles et tiges fleuries.	Jaune aurore.

	PARTIES.	*COULEURS.*
Eupatorium cannabinum, L.	Plante fleurie.	Musc doré.

POLYGAMIE SUPERFLUE.

	PARTIES.	*COULEURS.*
Tanacetum vulgare, L. .	Feuilles et tiges en boutons.	Citron opaque et musc très-assuré.
Artemisia Abrotanum, L.	Branches.	Jaune-orange mat.
———— *Absinthium,* L.	Branches sèches.	Jaune-olivâtre grisaille.
———— *vulgaris,* L. . .	Tiges et feuilles.	Merde d'oie ou musc olivâtre peu intense.
———— *Dracunculus,* L.	Tiges ligneuses.	Merde d'oie jaunâtre.
Gnaphalium sylvaticum, L.	Feuilles et tiges fleuries.	Merde d'oie solide.
Conyza squarrosa, L. .	Feuilles et tiges fleuries.	Jaune-olivâtre.
Senecio Jacobæa, L. . .	Feuilles et tiges fleuries.	Musc - olivâtre doré.
———— *paludosus,* L. .	Tiges fleuries.	Jaune citron et musc doré.
Aster Amellus, L. . . .	Tiges fleuries.	Jaune ravanelle.
———— *Chinensis,* L. .	Feuilles et tiges en boutons.	Jaune citron.
Solidago sempervirens, L.	Tiges et feuilles.	Bruniture de jaune-olivâtre.
———— *Canadensis,* L.	Feuilles et tiges en boutons.	Citron olivâtre bien solide.
———— *Virga aurea,* L.	Feuilles et tiges fleuries.	Musc clair.
Inula dyssenterica, L. .	Fleurs.	Musc - olivâtre doré.

	PARTIES.	COULEURS.
Bellis perennis, L. . . .	Plante entière, fraîche et fleurie.	Musc clair doré.
Tagetes patula, L.. . . .	Feuilles et tige commençant à fleurir.	Beau jaune citron et brunâtre de jaune terne.
———— *erecta*, L. . . .	Fleurs fraîches.	Souci et cannelle.
. . . .	Feuilles et tiges fraîches.	Beau jaune moins souci.
Anthemis Cotula, L. . .	Feuilles et tiges fleuries.	Jaune-citron-verdâtre.
———— *tinctoria*, L. . .	Plante en fleur.	Jaune, aurore et souci.
Achillea Millefolium, L.	Tiges fleuries.	Olive foible et sale.

POLYGAMIE FRUSTRANÉE.

Helianthus annuus, L. .	Fleurs nouvellement épanouies.	Musc-jaunâtre.
Centaurea nigra, L. . .	Feuilles et tiges en boutons.	Citron mat et olive clair.
———— *Cyanus*, L. . .	Corolle.	Bleue.
———— *Scabiosa*, L. .	Feuilles et tiges fleuries.	Olive clair assuré.
———— *Jacea*, L. . . .	Tiges en feuilles.	Jaune.

POLYGAMIE NÉCESSAIRE.

Calendula arvensis, L. .	Tiges, feuilles et fleurs écrasées.	Jaune foible et terne.
Othonna cheirifolia, L. .	Feuilles et tiges vertes.	Citron – verdâtre et noisette – nankin très - solide.
Filago arvensis, L. . . .	Plante fleurie.	Jaune opaque assés bon.

MONOGAMIE.

	PARTIES.	COULEURS.
Viola odorata, L. . . .	Fleurs.	Vert-pomme tendre et presque solide.
———— *tricolor*, L. . .	Feuilles et tiges fleuries.	Olive tendre et native.
Impatiens Balsamina, L.	Fleurs incarnates et simples.	Jaune foncé ravenelle.

CLASSE XX.

GYNANDRIE.

DIANDRIE.

Satyrium nigrum, L. . .	Fleurs.	Violette.

HEXANDRIE.

Aristolochia Clematitis, L.	Feuilles et tiges en fleurs.	Jaune d'ombre.

POLYANDRIE.

Grewia Occidentalis, L.	Branches de trois ans.	Cannelle-rougeâtre bien solide.
Arum maculatum, L. . .	Baies rouges.	Cannelle dorée.

CLASSE XXI.

MONOÉCIE.

TÉTRANDRIE.

Betula alba, L.	Branche coupée depuis six mois.	Noisette douce et solide.
———— *nigra*, L. . . .	Brindilles en feuilles.	Musc-doré.

	PARTIES.	COULEURS.
Betula nana , L.	Feuilles.	Jaune.
———— Alnus , L. . . .	Écorce et brindilles fraîches.	Jaune ravenelle mat, et merda d'oie dorée.
Buxus sempervirens , L. .	Brindilles en feuilles vertes.	Noisette claire très-solide.
Urtica urens , L.	Tiges et feuilles.	Musc olivâtre et terne.
———— dioïca , L. . . .	Racines.	Paille-citron.
Morus nigra , L.	Gros bois sec.	Jaune opaque olivâtre.
———— papyrifera , L. .	Brindilles.	Citron mat et nuance carmélite.
———— tinctoria , L. . .	Bois.	Jaune.

PENTANDRIE.

Amaranthus caudatus , L.	Fleurs.	Pourpre.
Xanthium Strumarium , L.	Plante.	Jaune.

POLYANDRIE.

Quercus Robur , L. . . .	Écorce du jeune bois coupée depuis six semaines.	Tanné, feuille-morte assez beau, et tanné clair.
———— Ægylops , L. . .	Cupules des glands.	Noire.
Juglans regia , L. . . .	Brou frais.	Marron foncé.
. . . .	Écorce des racines fraiche.	Castor.
———— nigra , L. . . .	Écorce fraiche.	Puce- violante et inaltérable.

	PARTIES.	COULEURS.
Fagus Castanea, L. . .	Écorce fraîche.	Musc foncé.
—— *sylvatica*, L. .	Écorce fraîche.	Marron, cannelle, mordorée.
. . . .	Brindilles.	Musc foncé.
Carpinus Betulus, L. . .	Écorce verte.	Olive sale et cannelle claire.
Corylus Avellana, L. . .	Écorce et brindilles fraîches.	Olive-jaunâtre.
Platanus acerifolius, L.	Écorce et brindilles fraîches.	Musc foncé.
Liquidambar styraciflua, L.	Brindilles en feuilles.	Jaune-verdâtre et musc-doré.

MONADELPHIE.

Pinus sylvestris, L. . . .	Écorce des jeunes branches.	Nankin - coton de Siam bien solide.
—— *sylvestris*, L. var. *maritima*	Cones vides.	Noisette tendre.
—— *Larix*, L. . . .	Brindilles en feuilles.	Musc-doré.
. . . .	Brindilles sans feuilles.	Cannelle-dorée.
—— *Abies*, L. . . .	Jeunes branches vertes.	Marron-musc agréable et solide.
Thuya Occidentalis, L. .	Branches vertes.	Jaune-jonquille.
—— *Orientalis*, L. . .	Branches vertes.	Jaune.
Cupressus sempervirens, L.	Brindilles.	Citron solide, mais terne, et musc clair.
—— *disticha*, L. . .	Brindilles en feuilles.	Cannelle-dorée très-riche et solide.

	PARTIES.	COULEURS.
Croton tinctorium, L...	Graines.	Bleu de Hollande.
Ricinus communis, L..	Feuilles et épis encore verts.	Citron terne et jaune d'ombre bien solide.

CLASSE XXII.

DIOÉCIE.

DIANDRIE.

Salix pentandra, L...	Feuilles sèches.	Jaune.
———vitellina, L...	Brindilles.	Beau jaune et riche mordoré.
——— Caprea, L...	Écorce.	Jaune-abricot.
———alba, L.....	Écorce et brindille fraîche.	Jaune terne et jaune-olive sale.
··············	Bois frais écorcé.	Coton de Siam solide et très-joli.

TRIANDRIE.

Empetrum nigrum, L..	Baies.	Pourpre-noirâtre.

TÉTRANDRIE.

Viscum album, L....	Tiges et feuilles vertes.	Jaune terne.
Hippophaë rhamnoïdes, L.	Brindilles en feuilles.	Noisette rosée.
Myrica Gale, L.....	Jeunes branches en feuilles.	

PENTANDRIE.

Spinacia oleracea, L...	Feuilles.	Citron-verdâtre fort agréable et solide.

	PARTIES.	COULEURS.
Humulus Lupulus , L. .	Feuilles et tiges fleuries.	Cannelle-nankin.

HEXANDRIE.

Tamus communis , L. . .	Baies.	Chamois.

OCTANDRIE.

Populus alba et Tremula, L.	Écorce et brindilles.	Jaune et citron solide.
. . . .	Gros bois.	Noisette , vigogne , nankin , musc , etc.
——— *nigra* , L. . . .	Écorce, jeunes branches.	Jonquille et jaune.
——— *balsamifera* , L.	Comme les *Populus alba et Tremula*.	

ENNÉANDRIE.

Mercurialis annua , L. .	Feuilles et tiges.	Musc clair et très-solide.

DODÉCANDRIE.

Datisca cannabina , L. .	Plante.	Jaune.

MONADELPHIE.

Juniperus Sabina , L. . .	Jeunes tiges et feuilles vertes.	Petit musc clair.
——— *communis* , L. .	Bois.	Noisette solide.
Taxus baccata , L. . . .	Bois sec.	Noisette tendre.
. . . .	Baies rouges.	Chamois.
. . . .	Racines.	Aurore terne , très-unie et solide.

SYNGÉNÉSIE.

SYNGÉNÉSIE.

	PARTIES.	COULEURS.
Ruscus aculeatus, L.	Tiges et feuilles.	Vigogne claire et solide.

CLASSE XXIII.

POLYGAMIE.

MONOÉCIE.

	PARTIES.	COULEURS.
Valantia Aparine, L.	Feuilles et tiges en graines.	Vigogne claire et solide.
Parietaria officinalis, L.	Feuilles et tiges fraiches.	Bruniture, gris foncé olivâtre.
Atriplex hortensis, L. var. *rubra*	Feuilles et tiges en fleurs.	Olive, jaune-verdâtre.
Acer Pseudo-Platanus, L.	Écorce.	Nuance fauve de vigogne solide.
———— *campestre*, L.	Gros bois frais.	Noisette, coton de Siam.
. . . .	Écorce.	Rouge-brun et marron rosé.
Celtis Australis, L.	Écorce et brindilles en séve.	Jaune verdoyant.

DIOÉCIE.

	PARTIES.	COULEURS.
Gleditschia triacanthos, L.	Jeunes branches.	Vigogne blanche.
Fraxinus excelsior, L.	Écorce verte.	Jaune-verdâtre ou vert-pomme.
. . . .	Bois frais écorcé.	Vigogne franche et bien solide.

Tome V.   K

	PARTIES.	COULEURS.
Diospyros Lotus, L. . .	Brindilles en feuilles.	Musc bien assuré.

TRIOÉCIE.

	PARTIES.	COULEURS.
Ficus Carica, L. ? . . .	Jeunes branches fraîches.	Vigogne tendre.
. . . .	Feuilles vertes.	Merde d'oie dorée, brillante.

CLASSE XXIV.

CRYPTOGAMIE.

FOUGÈRES.

	PARTIES.	COULEURS.
Pteris aquilina, L. . . .	Racines fraîches.	Jaune, gris, olivâtre.
Polypodium vulgare, L.	Racines fraîches.	Nankin cannelle.

MOUSSES.

	PARTIES.	COULEURS.
Lycopodium complanatum, L.	. . . .	Jaune très-brillant.

ALGUES.

	PARTIES.	COULEURS.
Lichen calcarius, L. . .	. . . .	Rouge.
——— *fagineus*, L. . .	. . . .	Ferrugineuse, rousse.
——— *tartareus*, L. . .	. . . .	Rouge.
——— *Parellus*, L. . .	. . . .	Bleue.
——— *centrifugus*, L. .	. . . .	Jaune.
——— *saxatilis*, L. .	. . . .	Rouge.
——— *olivaceus*, L. .	. . . .	Rousse, rouge.
——— *parietinus*, L. .	. . . .	Cendrée.

	PARTIES.	COULEURS.
Lichen physodes, L. . .	. . . .	Grise, jaunâtre.
—— Islandicus, L. .	. . . .	Jaune, fauve, brune.
—— nivalis, L. . .	. . . .	Violette.
—— pulmonarius, L.	. . . .	Brune, rousse.
—— furfuraceus, L.	. . . .	Vert-olive.
—— fraxineus, L. .	. . . .	Gris-blanc.
—— prunastri, L. .	. . . .	Vigogne claire et dorée.
—— caperatus, L. .	. . . .	Ferrugineuse nuancée.
—— glaucus, L. . .	. . . .	Gris incarnat.
—— caninus, L. . .	. . . .	Ochre.
—— sacchatus, L. .	. . . .	Vert-cendré.
—— miniatus, L. .	. . . .	Gris-verdâtre.
—— pustulatus, L. .	. . . .	Jaune.
—— gracilis, L. . .	. . . .	Cendrée.
—— rangiferinus, L.	. . . .	Rouille ferrugineuse.
—— uncialis, L. . .	. . . .	Gris-cendré.
—— pascalis, L. . .	. . . .	Vert-cendré.
—— Rocella, L. . .	. . . .	Violet, lilas, rose, etc.
—— plicatus, L. . .	. . . .	Rouge fauve.
—— barbatus, L. . .	. . . .	Ochre fauve.
—— vulpinus, L. . .	. . . .	Jaune.

K 2

	PARTIES.	COULEURS.
Lichen floridus , L. . .	. . . .	Violette.
Byssus Jolithus , L. . .	. . . .	Jaune.

CHAMPIGNONS.

Agaricus muscarius , L.	Épiderme.	Faux jaune couleur de paille.
Boletus viscidus , L. . .	. . . .	Olive jaunâtre, brillant et très-solide.

PALMIERS.

Areca Catecu , L.	Fruits verts.	Rouge.

Fin de la septième Table.

TABLE HUITIÈME.

TABLE ALPHABÉTIQUE LATINE

DES SYNONYMES du Pinax de Gaspard Bauhin *, cités dans le Système des Plantes et ramenés à la nomenclature de* Linné.

Les chiffres placés à la suite de chaque synonyme du *Pinax*, indiquent la *page* de cet Ouvrage ; les chiffres de la première colonne placés après les noms de *Linné* indiquent le *Tome* ; et ceux de la seconde , la *page du Tome* où sont citées les phrases latines du *Pinax* avec leur traduction françoise (*).

A.

ABIES. pag. 504 et 505.		
I. *Pinus Picea* , L.	IV	139
II. —— *Picea* , L. var.	IV	*ibid.*
ABROTANUM. 136.		
I. *Artemisia arborescens* , L.	III	502
III. —— *Abrotanum* , L.	III	*ibid.*
IV. —— *Abrotanum* , L.	—	—
VI. —— *Abrotanum* , L. var.	—	—

(*) Cette Table présente la disposition alphabétique des Synonymes du *Pinax* de G. *Bauhin* , cités dans notre Système des Plantes et indiqués ici seulement par numéros. Ainsi on voit que le mot *Abies* qui constitue un genre dans le *Pinax*, est divisé en deux espèces , désignées dans cette Table par les chiffres romains I, II. En plaçant à la suite de chacun de ces chiffres le nom Linnéen , nous présentons ici la nomenclature de *Linné* pour cet Ouvrage , et nous renvoyons à notre Système des Plantes où nous avons donné la phrase entière du *Pinax* pour chaque espèce , avec sa traduction , et que nous ne répétons pas ici afin d'éviter un double emploi. Les *Tirets* (——) placés à la suite des noms triviaux de *Linné* , désignent que la phrase du *Pinax* à laquelle ils appartiennent , n'est pas citée dans notre Système des Plantes.

K 3

VI.

Tome V. L.

L 2

Tome V. M

M 2

M 4

E.

G.

i.

Tome V.   N

	tom.	pag.
II. *Crepis veticaria*, L.	III	448
III. *Hieracium Pyrænaicum*, L. var.	III	442
IV. *Leontodon hispidum*, L. var.	III	436
V. *Hypochœris maculata*, L.	III	452
VI. ――― *maculata*, L.	III	ibid.
VII. *Hieracium villosum*, L.	III	462
X. ――― *aurantiacum*, L.	III	439
XI. ――― *aurantiacum*, L.	III	ibid.
XV. ――― *Alpinum*, L.	III	437
XVI. *Leontodon hispidum*, L. var.	III	436
HIERACIUM montanum glabrum. 129.		
I. *Crepis Sibirica*, L.	―	―
II. *Hieracium paludosum*, L.	III	441
III. ――― *chondrilloïdes*, L.	III	440
IV. ――― *porrifolium*, L.	III	ibid.
HIERACIUM murorum, Pulmonaria Gallorum dicta. 129.		
I. *Hieracium murorum*, L. var. *pilosissima*.	III	441
II. ――― *murorum*, L. var. *sylvatica*.	III	ibid.
III. ――― *cymosum*, L.	III	439
HIERACIUM pratense. 129.		
II. *Hieracium prœmorsum*, L.	III	439
III. ――― *prœmorsum*, L.	III	ibid.
HIERACIUM fruticosum. 129.		
I. *Hieracium Sabaudum*, L. var.	―	―
II. ――― *Sabaudum*, L.	III	443
IV. ――― *umbellatum*, L.	III	ibid.
HOLOSTEUM. 190.		
I. *Plantago albicans*, L.	I	197
II. ――― *albicans*, L.	―	―
III. ――― *Alpina*, L.	I	197
IV. ――― *Cretica*, L.	I	ibid.
VI. ――― *subulata*, L. var.	―	―
VII. ――― *subulata*, L.	I	197
VIII. ――― *subulata*, L. var.	―	―
IX. *Myosurus minimus*, L.	I	532
HORDEUM 22 et 23.		
I. *Hordeum vulgare*, L. var.	I	143
III. ――― *distychon*,	I	ibid.

	tom.	pag.
JUNCUS LÆVIS. 22.		
II. *Scirpus lacustris*, L.	I	94
IV. *Juncus effusus*, L.	II	63
VI. —— *filiformis*, L.	II	ibid.
VII. —— *conglomeratus*, L.	II	ibid.
VIII. —— *triglumis*, L.	II	69
IX. *Scirpus setaceus*, L.	—	—
JUNCUS acumine reflexo. 12.		
I. *Juncus inflexus*, L.	II	63
II. —— *inflexus*, L. var.	II	ibid.
III. —— *trifidus*, L.	II	68
JUNCUS capitulis equiseti. 12.		
I. *Scirpus palustris*, L.	I	93
II. —— *fluitans*, L.	I	94
JUNCUS capitulo lanuginoso et bombycino. 12.		
I. *Eriophorum vaginatum*, L.	—	—
II. —— *Alpinum*, L.	I	99
JUNCUS floridus. 12.		
I. *Butomus umbellatus*, L.	II	162
II. *Scheuchzeria palustris*, L.	II	86
JUNIPERUS. 488.		
I. *Juniperus communis*, L.	IV	231
II. —— *communis*, L. var.	IV	ibid.
III. —— *communis*, L. var.	IV	ibid.
V. —— *oxycedrus*, L.	IV	ibid.

K.

KALI. 289.		
I. *Salsola Soda*, L.	I	421
II. *Chenopodium maritimum*, L.	I	419
III. *Salsola sativa*, L.	I	421
IV. —— *hirsuta*, L.	I	422
V. —— *altissima*, L.	I	421
VI. *Reaumuria vermiculata*, L.	—	—
VII. *Mesembryanthemum nodiflorum*, L.	II	347
VIII. —————— *copticum*, L.	II	ibid.
IX. *Salicornia fruticosa ?* L.	I	19
X. *Anabasis aphylla*, L.	I	428

L.

Tome V.   O

O 4

NICOTIANA.

Tome V.   P

P 2

P.

Tome V.   Q

Q 2

	tom.	pag.
IV. *Origanum Majorana* , L. var.	III	96
V. —— *Majorana* , L.	III	ibid.
SANICULA ALPINA foliis serratis. 242 et 243.		
I. *Primula Auricula* , L.	I	272
II. —— *Auricula* , L. var.	I	ibid.
III. —— *Auricula* , L. var.	I	ibid.
IV. —— *Auricula* , L. var.	I	ibid.
V. —— *Auricula* , L. var.	I	ibid.
VI. —— *Auricula* , L. var.	I	ibid.
VII. —— *minima* , L.	I	273
VIII. —— *minima* , L. var.	—	—
IX. *Verbascum Myconi* , L.	I	333
SANICULA foliis non serratis. 243.		
I. *Primula integrifolia* , L.	I	273
II. —— *integrifolia* , L. var.	—	—
SANICULA rotundifolia. 243.		
I. *Cortusa Matthioli* , L.	I	274
II. *Saxifraga rotundifolia* , L.	II	224
III. —— *Geum* , L.	II	223
V. *Pinguicula vulgaris* , L.	I	37
SANICULA. 319.		
Sanicula Europœa , L.	I	441
SANTALUM. 392 et 393.		
I. *Santalum album* , L.	I	214
VIII. *Cæsalpinia Sappan* , L.	II	182
SAPONARIA. 206.		
I. *Saponaria officinalis* , L.	II	251
II. —— *officinalis* , L. var.	II	ibid.
IV. *Gypsophylla Struthium* , L.	II	230
SASSAFRAS. 431.		
Laurus Sassafras , L.	II	158
SATUREIA. 218.		
I. *Satureia hortensis* , L.	III	20
II. —— *montana* , L.	III	19
III. —— *Juliana* , L.	III	ibid.
IV. —— *Thymbra* , L.	III	ibid.
SAXIFRAGA. 309.		
I. *Saxifraga granulata* , L.	II	224

Q 3

Tome *V.* R

R 2

R 3

Fin de la huitième Table.

TABLE NEUVIÈME.

TABLE ALPHABÉTIQUE LATINE

Des Synonymes des Genres de TOURNEFORT, PLUMIER, MICHELI, DILLEN, VAILLANT, BOERRHAAVE, GLEDITSCH, BUXBAUM, JACQUIN, LAMARCK, cités dans le Système des Plantes, et ramenés à la nomenclature de LINNÉ.

Le premier chiffre indique le *Tome*; le second le *Numéro du Genre*; le troisième l'*Espèce du Genre* à laquelle est appliqué le synonyme; le quatrième la *page du Tome* où sont indiqués tous les Synonymes qui se rapportent à chaque Genre (*).

A.

ABIES, *T. Pinus*, L.	IV	1175	11	136
Abrotanum, *T. Artemisia*, L.	III	1025	5	500
Absinthium, *T. Artemisia*, L.	III	1025	17	*ibid.*
Abutilon, { *T. Sida*, L.	III	902	17	233
{ *D. Malva*, L.	III	906	—	239

(*) Cette Table des *Synonymes des Genres* présente trois espèces de noms génériques : 1.º Ceux que *Linné* a adoptés, et dont il a fait des espèces caractérisées par des noms triviaux, qui conservent le synonyme du genre, comme *Abies*, T. qu'il désigne sous le nom de *Pinus Abies*; 2.º ceux qu'il a réformés comme vicieux, et dont il n'a point fait de noms spécifiques, tel que *Staphyllodendron*, qu'il a appellé *Staphyllea* : nous les désignons par des tirets (---) à la colonne des espèces ; 3.º les noms de genres composés qu'il a adoptés en partie, ou avec quelque changement ou modification (ils sont marqués par un astérisque), comme *Centaurium majus*, T. qui a été désigné sous le nom de *Gentiana Centaurium*, L. Dès-lors on voit par la disposition que nous avons suivie, les synonymes que *Linné* a adoptés en tout ou en partie, et ceux qu'il a réformés.

R 4

	tom.	gen.	esp.	pag.
Ascyrum, *T. Hypericum*, L.	III	981	6	397
Aspergillus, *M. Byssus*, L.	IV	1324	—	407
Astericus, { *T. Buphthalmum*, L.	III	1059	—	588
{ *D. Silphium*, L.	III	1069	—	614
Asteroïdes, *V. Buphtalmum*, L.	III	1059	—	588
Asterophorus, *V. Leysera*, L.	III	1045	—	562
Astragaloïdes, *T. Phaca*, L.	III	964	—	356
Atractylis, *V. Carthamus*, L.	III	1010	—	475
Aurantium, *T. Citrus*, L.	III	974	2	392
Auricula ursi, *T. Primula*, L.	I	210	3	272

B.

	tom.	gen.	esp.	pag.
BACCHARIS, *V. Athanasia*, L.	III	1023	—	496
Balloto, *T. Ballota*, L.	III	778	—	43
Balsamina, *T. Impatiens*, L.	III	1093	5	647
Balsamita, *V. Tanacetum*, L.	III	1024	8	408
Belladona, *T. Atropa*, L.	I	266	2	239
Bellidiastrum, { *M. Doronicum*, L.	III	1039	3	555
{ *V. Osmites*, L.	III	1063	—	596
Bellidioïdes, *V. Chrysanthemum*, L.	III	1048	—	564
Bellis, *Leucanthemum*, L.	III	1042	—	558
Bermudiana, *T. Sisyrinchium*, L.	IV	1103	1	28
Bihaï, *P. Heliconia*, L.	I	310	1	386
Bistorta, *T. Polygonum*, L.	II	137	1	140
Blattaria, *T. Verbascum*, L.	I	262	8	331
Boletus, *M. Phallus*, L.	IV	1328	—	415
Bonduc, *P. Guilandina*, L.	II	560	1	182
Borbonia, *P. Laurus*, L.	II	545	9	155
Breynia, *P. Capparis*, L.	II	699	10	383
Brunella, *T. Prunella*, L.	III	793	—	71
Bryonioïdes, *D. Sicyos*, L.	IV	1195	—	167
Bucca ferrea, *M. Ruppia*, L.	I	187	—	226
Buglossum, *T. Anchusa*, L.	I	194	—	253
Bugula, *T. Ajuga*, L.	III	763	—	10
Bulbocastanum, *T. Bunium*, L.	I	366	1	454
Buphthalmum, *T. Anthemis*, L.	III	1052	—	574
Bursa pastoris, *T. Thlaspi*, L.	III	866	10	157

C.

	tom.	gen.	esp.	pag.
CAAPEBA , *P. Cissampelos* , L.	IV	1243	2	234
Cacalianthemum , *D. Cacalia* , L.	III	1013	—	481
Cacao , *T. Theobroma* , L.	III	972	1	390
Caïnito , *P. Chrysophyllum* , L.	I	282	1	359
Calaba , *P. Calophyllum* , L.	II	716	2	402
Calamintha , *T. Melissa* , L.	III	786	3	59
Calamus aromaticus , *M. Acorus* , L.	II	467	1ᵛ	64
Calceolus , *T. Cypripedium* , L.	IV	1100	1	23
Calcitrapa , *V. Centaurea* , L.	III	1066	47	599
Calcitrapoïdes , *V. Centaurea* , L.	III	1066	48	ibid.
Caltha , *T. Calendula* , L.	III	1073	—	618
Camara , *P. Lantana* , L.	III	824	4	112
Camphorata , *T. Camphorosma* , L.	I	176	—	217
Cannacorus , *T. Canna* , L.	I	1	—	3
Capnoïdes , *T. Fumaria* , L.	III	920	7	266
Caprifolium , *T. Lonicera* , L.	I	250	1	321
Caragana , *Lam. Robinia* , L.	III	953	5	333
Caraguata , *P. Tillandsia* , L.	II	428	—	8
Cardamindum , *T. Tropæolum* , L.	II	502	—	104
Cardiaca , *T. Leonurus* , L.	III	780	1	47
Carpobolus , *M. Lycoperdon* , L.	IV	1333	6	419
Carthamoïdes , *V. Carthamus* , L.	III	1010	—	475
Carvi , *T. Carum* , L.	I	395	1	493
Caryophyllata , *T. Geum* , L.	II	692	—	372
Caryophyllus , *T. Dianthus* , L.	II	614	7	253
———— aromaticus , *T. Caryophyllus* , L.	II	727	1	409
Casia , *T. Osyris* , L.	IV	1203	—	190
Cassida , *T. Scutellaria* , L.	III	792	—	69
Castanea , *T. Fagus* , L.	IV	1170	1	129
Castorea , *P. Duranta* , L.	III	849	—	134
Cassuvium , *Lam. Anacardium* , L.	II	546	—	158
Cassytha , *Lam. Cassyta* , L.	II	548	—	160
Catanance , *T. Catananche* , L.	III	999	—	454
Cataria , *T. Nepeta* , L.	III	768	1	22
Cedrus , *T. Juniperus* , L.	IV	1240	—	229
Ceïba , *P. Bombax* , L.	III	901	2	232

M.

Medica

Tome V.   S

U.

	tom.	gen.	esp.	pag.
ULMARIA, T. Spiræa, L.	II	686	12	354
Unifolium, D. Convallaria, L.	III	459	—	53
Usnea, D. Lichen, L.	IV	1319	93	377
Uva—ursi, T. Arbutus, L.	II	596	5	211

V.

VALDIA, P. Ovieda, L.	III	850	—	135
Valerianella, T. Valeriana, L.	I	48	—	63
Vallisnerioïdes, M. Vallisneria, L.	IV	1199	—	180
Vanilla, P. Epidendrum, L.	IV	1101	1	24
Van—Rheedia, P. Rheedia, L.	II	698	—	385
Vesicaria, T. Alyssum, L.	III	869	16	165
Virga—aurea, T. Solidago, L.	III	1035	11	542
Vitis—Idæa, T. Vaccinium, L.	II	523	10	119
Vulneraria, T. Anthyllis, L.	III	936	2	298

X.

XERANTHEMOÏDES, D. Xeranthemum, L.	III	1027	—	519
Xiphion, T. Iris, L.	I	65	21	78
Xylon, T. Gossypium, L.	III	910	—	247
Xylosteum, T. Lonicera, L.	I	250	7	324

Z.

ZACINTHA, T. Lapsana, L.	III	998	2	452
Zanonia, P. Commelina, L.	I	68	7	84
Zizyphus, T. Rhamnus, L.	I	284	23	364

Fin de la neuvième Table.

TABLE DIXIÈME.

TABLE

ALPHABÉTIQUE

des Auteurs de Botanique cités dans le Système des Plantes.

A

ALDROV. *Dendr.* Ulyssis Al-DROVANDI Dendrologiæ naturalis, scilicet Arborum historiæ, libri duo. *Francofurti*, 1671 ; un vol. in-folio, avec environ 170 Figures sur bois, en noir, ombrées, mauvaises. (Ouvrage posthume publié par *Ovidius Montalbanus*.)

Collecteur et Descripteur.

Aldrovande a été non-seulement un des plus infatigables rédacteurs en histoire naturelle, mais un des premiers collecteurs des productions des trois Règnes. Guidé par les vues du grand *Gesner*, il forma dans sa jeunesse le plan du plus grand travail qu'on ait exécuté en histoire naturelle. Non-seulement il se proposa de décrire et de faire connoître par des dessins toutes les espèces qu'il avoit pu se procurer, mais encore d'y ajouter tout ce que ses prédécesseurs, Poëtes, Orateurs, Antiquaires, Historiens, avoient annoncé relativement à ces espèces. Nous ne possédons qu'un seul Ouvrage d'Aldrovande, rédigé d'après ce plan publié par lui-même ; sa-

voir son *Ornithologie*. Ce n'est point un Ouvrage indifférent pour les Botanistes, l'Auteur ayant souvent fait graver le végétal sur lequel chaque oiseau se repose ou dont il se nourrit. Tous les autres traités d'*Aldrovande* ont été publiés par ses Élèves d'après ses manuscrits ; aussi n'offrent-ils pas la même perfection de rédaction que son *Ornithologie*. Sa *Dendrologie* sur-tout (le seul fragment de botanique qui ait été publié) mérite à peine de fixer l'attention des Botanistes. Ses Figures peu exactes et ses descriptions peu détaillées, sont en quelque façon perdues dans un fatras d'érudition. D'ailleurs il s'en faut de beaucoup que la Dendrologie d'*Aldrovande* fasse connoître tous les arbres et arbustes décrits par ses prédécesseurs ou ses contemporains.

ALLION. *Flor. Pedem.* Flora Pedemontana, auctore Carolo Al-LIONIO. *Aug. Taurinorum*, 1785 ; trois vol. in-fol. avec 92 Planches, sur cuivre, renfermant 239 Figures en noir, ombrées, ou coloriées, bonnes et en partie complètes.

S 4

Systématique orthodoxe; Inventeur, Collecteur, Descripteur, et Dénominateur nouveau.

Allioni considéré comme systématique, s'est proposé de combiner les Systèmes de *Tournefort* et de *Rivin*, avec celui de *Ludwig*, de manière cependant à conserver le plus grand nombre de Familles naturelles possible. A ce titre, on doit regarder son Système comme un des meilleurs, offrant aux Élèves une clef qui peut les conduire avec facilité à la connoissance des genres et des espèces. Comme Collecteur, *Allioni* a été un des plus laborieux Botanistes, et a le plus contribué à déterminer d'une manière précise les Plantes Européennes. Ceux même qui, d'après les principes de *Linné*, adoptent avec plus de difficulté les prétendues espèces neuves, ne peuvent disconvenir que l'Ouvrage d'*Allioni* n'en présente un grand nombre de telles. Nous lui sommes encore redevables de plusieurs bonnes Figures des Espèces rares déjà publiées par les Anciens, tels que *Matthiole*, *l'Écluse*. Mais la partie de son Ouvrage qui est peut-être la mieux travaillée, c'est l'indication des propriétés des plantes, également éloignée d'un scepticisme trop hardi, et d'une trop grande crédulité. *Allioni* n'assigne aux plantes que les vertus véritablement reconnues par les plus célèbres Praticiens.

ALP. *Ægypt.* Prosperi ALPINI de Plantis exoticis libri duo. *Venetiis*, 1656; un vol. in-4°, avec 145 Planches sur cuivre, renfermant 145 figures en noir,

ombrées, médiocres et bonnes, et 141 Plantes disposées sans ordre.

Ejusd. de Pl. Ægyp. Prosperi ALPINI, Historia naturalis Ægypti, pars secunda, sive de Plantis Ægypti. *Lugduni Batavorum*, 1735; un vol. in-4°, avec 54 Planches sur cuivre, renfermant 54 Figures en noir, ombrées, médiocres et bonnes, et 54 Plantes disposées sans ordre. Le premier volume qui a pour titre, *Prosperi ALPINI Historiæ Ægypti naturalis pars prima*, contient 3 Planches sur cuivre, renfermant 5 Figures en noir, ombrées.

Inventeur, Descripteur, et Dénominateur ancien.

Prosper Alpin a été du petit nombre des Médecins qui ont mené de front avec un égal succès, la médecine clinique et les différentes parties de l'Histoire naturelle. Il est célèbre parmi les Praticiens par plusieurs Ouvrages bien rédigés sur diverses parties de la Médecine proprement dite, savoir par son admirable traité de *Præsagiendâ vitâ et morte*; de *Mediciâ methodicâ*; de *Mediciâ Ægyptiorum*. Ce savant ayant eu occasion de parcourir la Grèce, et ayant long-temps séjourné en Égypte, on devoit attendre de sa sagacité qu'il enrichiroit sur-tout la Botanique de plusieurs découvertes précieuses. En effet, ses Ouvrages nous offrent une foule d'espèces absolument neuves qu'il a fait connoître par des descriptions assez exactes, accompagnées de Figures gravées au burin, si non complètes comme celles de *Co-*

lumna son contemporain , du moins très-exactes, comme nous nous en sommes assurés, on en confrontant plusieurs avec les échantillons de nos herbiers.

AMM. *Ruth.* Stirpium rariorum in Imperio Ruthenico sponte provenientium, Icones et Descriptiones , collectæ à Joanne AMMANO. *Petropoli ,* 1739 ; un vol in-4°, avec 35 Planches sur cuivre , renfermant 41 Figures en noir , ombrées , médiocres , bonnes et en partie complètes ; et 285 Plantes rangées par ordre alphabétique.

Descripteur , Collecteur, et Dénominateur nouveau.

Cet Auteur ne peut être regardé que comme éditeur, n'ayant publié que les nouvelles espèces de plantes découvertes en Sibérie par *Gmelin* , et les Élèves de l'Académie de Pétersbourg qui accompagnoient ce célèbre Voyageur. Quoique ses Figures soient exactes , on peut lui reprocher avec raison, que dans ses descriptions il n'a point connu l'art de les rendre précises et caractéristiques. Cependant quelques-unes de ses Figures dessinées d'après des individus vivans cultivés dans le Jardin de l'Académie, méritent les plus grands éloges.

* AUBL. *Guyan.* Histoire des Plantes de la Guyane Françoise , rangées suivant la Méthode sexuelle, par M. AUBLET FUSET , à *Londres* et à *Paris* , 1775 ; quatre volumes in-4°, avec 392 Planches sur cuivre, renfermant 408 Figures en noir , ombrées , bonnes et en très-grande partie complètes.

Systématique orthodoxe ; Inventeur , Descripteur , et Dénominateur nouveau.

Cet Ouvrage d'*Aublet Fuset* , est une des collections les plus considérables de Plantes exotiques publiées dans le dernier siècle. L'Auteur étoit si passionné pour la science , que nous l'avons vu après son retour d'Amérique, passer la plus grande partie des journées dans le Jardin botanique de Paris ; et là il ne se contentoit pas d'examiner avec un soin extrême les plantes les plus rares , mais il les soignoit avec un zèle infatigable. On doit à ses recherches non-seulement un très-grand nombre d'espèces nouvelles, mais encore une foule de genres qui avoient échappé aux recherches de ses prédécesseurs. Ses descriptions sont très-exactes , et ses figures presque toutes dessinées par lui-même , répondent à l'exactitude des descriptions. Peut-être auroit-on désiré, que moins subordonné pour la nomenclature aux idées d'*Adanson* , il n'eût pas donné si souvent à ses genres et à ses espèces des noms barbares très-difficiles à retenir ; ce qui a obligé ceux qui ont travaillé au nouveau Pinax Linnéen, de changer presque tous ses noms.

B

BARREL. *Icon.* Jacobi BARRELIERI Plantæ per Galliam, Hispaniam et Italiam observatæ. *Paris* , 1714 ; un vol. in-folio, avec 1324 Planches sur cuivre, renfermant 1416 Figures en noir, ombrées , médiocres et bonnes. [Edition publiée par *Antoine de Jussieu.*] Dans le nombre de ces Figures ne sont pas comprises 54 Figures représentant des corallines, insectes marins, etc. et 37 Figures de coquilles; ce qui fait en tout 1507 Figures.

Inventeur, (rarement Descripteur, ses descriptions ayant été perdues) et Dénominateur ancien.

L'ouvrage de *Barrelier* est devenu très-précieux pour la connoissance d'une multitude de plantes Méridionales, Alpines et sous-Alpines; mais il ne faut pas croire que toutes les espèces qu'il a fait graver soient neuves. Un grand nombre de ses Figures sont calquées sur celles de l'*Ecluse*, *Columna* et autres. Un plus grand nombre encore n'offre que des variétés, comme celles qui représentent les *Narcisses*, *Hyacinthes*, *Ancolies*, etc. mais plusieurs sont originales et rendent avec exactitude le port et l'ensemble d'un grand nombre d'espèces neuves, observées non-seulement en France, en Italie, en Espagne, mais encore dans les vastes plaines de Pologne et de Lithuanie. Ces dernières furent fournies à *Barrelier* par un Amateur distingué, le Chevalier *Corvin*, Secrétaire d'ambassade en Pologne: il y en a quelques-unes même qui n'ont pu être déterminées par *Ant. Jussieu* son éditeur; comme celle que *Barrelier* a intitulée *Grebigne*, qui est le *Calla palustris*, L.; une belle variété du *Galeopsis Ladanum*, à grande fleur jaune, etc.

L'on trouve parmi les plantes de *Barrelier* une série considérable de Graminées qu'il a le pre-

mier reconnues et fait dessiner; mais ce qui rend sur-tout sa collection précieuse, c'est que long-temps avant *Tournefort*, il a accompagné ses Figures des parties de la fructification, dessinées séparément.

BAUH. *Prod.* Gaspari BAUHINI Prodromus Theatri Botanici. Basileæ, 1671; un vol. in-4°, avec 141 Figures sur bois, en noir, ombrées, bonnes et médiocres.

BAUH. *Pin.* ou G. B. P. BAUHINI Pinax Theatri Botanici. Basileæ, 1671; un vol. in-4° sans Figures, renfermant 5992 espèces ou variétés de Plantes.

Systématique hétérodoxe; Inventeur, Descripteur, et Dénominateur ancien.

Le *Pinax* de *G. Bauhin* est un livre absolument nécessaire aux Botanistes qui veulent recourir aux sources. Cet Auteur très-versé dans la lecture des Ouvrages de ses prédécesseurs et de ses contemporains, et connoissant parfaitement le très-grand nombre de plantes dont ils ont donné les notices ou les Figures, pouvoit seul ramener à une nomenclature uniforme les différens noms des plantes connues de son temps. En général ses descriptions sont moins exactes et moins caractéristiques que celles de son frère *J. Bauhin*; mais ses Figures sont meilleures et rendent très-bien, (comme nous nous en sommes assurés en confrontant avec les échantillons de nos herbiers), les plantes qu'il a fait dessiner.

BAUH. ou **J. B.** *Hist.* Joannis BAUHINI Historia Plantarum universalis. *Ebroduni*, 1750; trois vol. in-folio, avec environ 3337 Figures sur bois, mauvaises, médiocres et bonnes.

Systématique hétérodoxe; Inventeur, Descripteur, et Dénominateur ancien.

L'ouvrage de *J. Bauhin* peut encore aujourd'hui être considéré comme une des meilleures sources en Botanique, sur-tout pour les plantes Européennes. Ses descriptions sont la plupart caractéristiques, et même plusieurs sont complètes, c'est-à-dire expriment toutes les parties de la plante, même les étamines et les pistils. Elles portent toutes sur des caractères trop négligés par les Botanistes modernes, savoir la grandeur des plantes et de leurs différentes parties, l'odeur et la saveur. Ses discussions critiques annoncent un savoir profond et un jugement exquis. Les propriétés qu'il indique sont d'autant plus intéressantes qu'elles sont rarement infectées de superstition. Il désigne avec candeur les plantes qu'il a examinées vivantes et leur véritable localité. Les amateurs de la Flore Lyonnoise, vérifient avec satisfaction la station de plusieurs espèces rares qui se trouvent encore dans les lieux indiqués par *J. Bauhin* qui, né à Lyon, y avoit fait un long séjour et avoit même travaillé pendant plusieurs années au grand ouvrage de l'Histoire des Plantes, exécuté sous la direction de *Daléchamp.*

Nous prévenons qu'il s'est glissé une erreur dans les citations des Figures de *J. Bauhin*, dans le premier volume de notre *Système des Plantes;* elles ont été indiquées dans le sens de l'écriture de gauche à droite en ligne pleine; mais dans les trois autres volumes on a eu égard à la division du texte et des Figures sur deux colonnes, de sorte qu'il faut toujours compter les Figures de la première colonne du texte, et ensuite celles de la seconde. Cette dernière méthode qui est plus simple, évite toute équivoque.

BELLEV. *Opusc.* Opuscules de Pierre RICHIER DE BELLEVAL, par *Broussonet*, *Paris*, 1785; un vol. in-8°, avec 5 Planches sur cuivre, renfermant 5 Figures en noir. ombrées, bonnes, dont une complète.

Cet Ouvrage renferme 1.° *Onomatologia seu Nomenclatura Stirpium quæ in Horto regio Monspeliensi recens constructo, coluntur, auctore* RICHERIO DE BELLEVAL. *Monspelii*, 1598; 2.° Dessein touchant la recherche des plantes du pays de Languedoc, dédié à Messieurs les Gens des trois états dudit pays. *A Montpellier*, 1605.

Inventeur, Descripteur, et Dénominateur ancien par des phrases grecques.

Richier de Belleval doit être regardé comme le véritable restaurateur de la Botanique en France. Il avoit entrepris, aidé par les bienfaits de *Henri IV*, des voyages considérables nonseulement dans la ci-devant province du Languedoc, mais encore aux Pyrénées, en Provence. Il avoit parcouru avec beaucoup de soin toute la chaîne des Alpes, depuis Nice jusqu'en Piémont. Il s'étoit sur-tout long-temps arrêté sur les Alpes qui avoisinent Grenoble, et notamment à la Grande-Chartreuse. Il paroit par ses manuscrits, qui sont déposés dans la bibliothèque du Dr Gilibert, qu'il étoit toujours accompagné dans ses excursions botaniques, par un habile Dessinateur. Il a laissé, à sa mort, plus de 500 dessins des plantes qui lui paroissoient nouvelles, et environ 360 cuivres. Le Dr Gilibert a publié toutes celles dont il avoit acheté les cuivres en 1773 à Montpellier ; mais il conserve encore 150 épreuves dont les cuivres ont été perdus, et qui n'ont jamais été publiés. Il paroit que ces 150 épreuves avoient été séparées par *Magnol* qui se proposoit de les publier comme un *Prodromus*, puisqu'elles portent à la marge la traduction latine des phrases grecques de *Belleval*, écrites de la main de *Magnol*.

Ces épreuves offrent les plantes les plus rares de la collection de *Belleval*, et il est de fait par l'examen critique que nous en avons fait avec le Dr *Gilibert*, que *Belleval* est l'inventeur d'une centurie entière. Il seroit à désirer pour l'honneur de l'École de Montpellier et des Botanistes François, que ces Figures fussent bientôt publiées avec le texte original de *Belleval*, qui offre le journal exact de ses excursions botaniques, et près de 500 descriptions de plantes rares tracées de main de maître, et rédigées la plupart avec une si grande élégance qu'on peut les regarder comme de vrais tableaux des espèces indiquées par l'Auteur. Comme le Dr *Gilibert* n'a jamais laissé échapper l'occasion de se procurer les espèces et les variétés indiquées par *Belleval*, nous pouvons affirmer, d'après la confrontation rigoureuse que nous avons faite des échantillons conservés en herbier, que quoique les Figures de *Belleval* soient gravées au burin d'une manière souvent très-dure, elles sont presque toutes très-exactes, et que plusieurs d'entr'elles doivent être regardées comme complètes, offrant non-seulement les parties de la fructification isolées, suivant le plan exécuté long-temps après par *Tournefort*, mais encore (ce qui est particulier à notre Auteur) les racines dans tout leur développement, sur-tout lorsqu'elles offrent une configuration propre à l'espèce énoncée.

En nous résumant, d'après ce manuscrit et d'après les Figures publiées ou non publiées, il résulte que *Richier de Belleval* doit être assimilé, pour le nombre des espèces qu'il a le premier découvert, à *l'Écluse* ; et pour les détails relatifs aux parties de la fructification, qui sont devenues les fondemens de toute disposition méthodique, à *Gesner*, *Cæsalpin* et *Columna*.

Nous citerons ici une observation qui nous paroit importante. La Nature, dans le développement des espèces des végétaux, est en général très-uniforme ; mais comme dans le

Règne végétal les causes accidentelles dérangent quelquefois
sa marche, ce qui produit des
monstruosités végétales, *Richier
de Belleval* crut devoir publier
toutes les aberrations de ce genre
qu'il avoit observées, et qui ne
sont pas en petit nombre ; ce qui
a rendu la détermination de plusieurs de ses Figures très-difficile, parce que les individus qui
présentent ces monstruosités,
étant aussi rares que ceux des
animaux, on n'a peut-être pas
eu occasion depuis lui, de ren-
contrer de semblables variétés.

BOERRH. *Lugd.* Index alter
Plantarum quæ in Horto Academico Lugduno-Batavo aluntur,
conscriptus ab Hermanno BOER-
RHAAVE. *Lugduni-Batavorum*,
1727 ; deux vol. in-4°, avec 39
Planches sur cuivre, renfermant
39 Figures en noir, ombrées,
médiocres et bonnes.

*Systématique orthodoxe ; In-
venteur, Descripteur, et Dénominateur ancien.*

Quoique le grand *Boerrhaave*
soit moins célèbre parmi les
Botanistes que parmi les Médecins, cependant il mérite de
fixer l'attention des premiers par
le Système qu'il a publié ; par
les Caractères naturels de ses
Genres, dans lesquels il a le
premier indiqué pour la plupart,
le nombre et la situation des
étamines ; par quelques Genres
qu'il a constitués, comme l'*Hottonia* ; par la belle série des
Protœa, qui se trouve dans le
second volume de son Ouvrage,
et qu'il a fait graver d'après les
dessins d'un Voyageur. *Boher-*

raave n'ayant point voyagé et
n'ayant étudié les plantes que
dans son jardin de Leyde, étoit
très-foible sur le diagnostique
des plantes qui croissent spontanément en Europe, comme
l'anecdote de *Scheuchzer* le Graministe en fait foi. Ce professeur
avoit traité assez durement le
jeune *Scheuchzer* qui lui deman-
doit le nom de quelques nouvelles espèces de plantes Afri-
caines. Le lendemain *Scheuchzer*
ayant fait une herborisation autour de Leyde, pria *Boerrhaave*
de lui dénommer plusieurs graminées qu'il lui présentoit, et ce
savant Professeur n'en put caractériser aucune.

BOCCON. *Sic.* Icones et descriptiones Plantarum Siciliæ,
Melitæ, Galliæ et Italiæ, auctore
Paule BOCCONE ; un vol. in-4°,
avec 52 Planches sur cuivre,
renfermant 129 Figures en noir,
ombrées, médiocres et bonnes.

* *Ejusd.* Mus. Museo di piante
rare della Sicilia, Maltha, Cor-
sica, Italia, Piemonte, e Germa-
nia, di Paolo BOCCONE. *Venezia*,
1697 ; un vol. in-4°, avec . . .
Planches sur cuivre, renfermant . . . Figures en noir, ombrées. . . .

*Inventeur, Descripteur, et Dé-
nominateur ancien.*

Quoiqu'*Antoine de Jussieu* ait
reproché avec amertume à *Boccone* de n'avoir presque publié
que les Figures que *Barrelier*
lui avoit communiquées, cependant il est regardé aujourd'hui
comme un des Botanistes qui a
travaillé le plus avantageusement
pour les progrès de la Botanique

Européenne. Nous ne croyons
pas qu'on doive le regarder
comme plagiaire pour le plus
grand nombre des Figures qu'il
a insérées dans son Ouvrage intitulé, *Plantæ Siculæ*, dont plusieurs n'ont été caractérisées
suivant le plan de *Linné*, que
par le D' *Cyrilli*, et qui nous
paroissent très-exactes, les ayant
confrontées avec les échantillons
cueillis sur les lieux.

* BREYN. *Prodr.* Jacobi
BREYNII Prodromus Plantarum
rariorum..... 1680 et 1689;
deux vol. in-4", avec ... Planches sur ... renfermant ....
Figures. ...

*Inventeur, Collecteur, et Dé-
nominateur ancien.*

Non-seulement *Breyn* a décrit
et fait dessiner plusieurs nouvelles espèces de plantes étrangères, mais il a été encore un
des Botanistes qui a le plus
contribué à faire connoître les
plantes de la partie septentrionale de l'Europe ; savoir, celles
qui croissent spontanément autour de Dantzick. Nous savons
positivement qu'il a fourni une
partie des notes et des dessins
des Ouvrages d'*Elving*, pour les
plantes de la Prusse.

BRID. *Musc.* Muscologia re-
centiorum *seu* Analysis, Historia
et Descriptio methodica omnium
Muscorum frondosorum hucus-
que cognitorum ad normam
Hedwigii, à Sam. Et. BRIDEL,
Gothæ, 1797, quatre vol. in-4°,
avec 14 Planches sur cuivre, renfermant 463 Figures en noir,
bonnes.

*Inventeur, Descripteur, et
Dénominateur nouveau.*

L'Ouvrage de *Bridel* présente
non-seulement l'ensemble de
toutes les connoissances acquises
jusqu'à ce jour sur les *Mousses*;
mais encore une nouvelle disposition des Genres et des Espèces
d'après les vues d'*Hedwig*. Cet
Ouvrage peut être regardé comme
complet, soit pour la description
des Genres, soit pour la synonymie, les descriptions les plus
soignées et les plus exactes des
Espèces. Ses phrases caractéristiques énoncent toujours des attributs constans et faciles à saisir.

BRUNS. *Icon.* Herbarum
vivæ Icones, auctore Peroth
BRUNSFELD. *Argentorati*, 1530,
tome premier, avec 85 Figures
sur bois, au trait, médiocres
et bonnes.

Inventeur.

Quoique *Brunsfeld* n'ait pas
été le premier des modernes qui
ait publié les Figures des Plantes,
puisque l'on en trouve plu
centuries dans l'*Hortus sani-
de Cuba*, et dans quelques autres; cependant on regarde *Brunsfeld* comme le premier des Auteurs à citer pour les Figures.
Il en a publié en trois temps
différens et en trois petits vol.
in-folio, 238 dont 16 sont ré-
pétées. Les Figures adoptées pour
la plupart par *Fuchs* et par
Tragus, sont dessinées au trait,
et d'une vérité si frappante qu'elles
sont encore aujourd'hui les meilleures. L'exactitude du dessin a
été si rigoureuse que l'artiste s'est
piqué de rendre quelques feuilles
telles qu'il les observoit après

avoir été attaquées par les insectes,
mais le texte de cet Auteur mérite encore moins d'être étudié
que celui de *Fuch*, n'offrant qu'un
farago de passages des Anciens
assez mal coordonné, et plus mal
appliqué encore. Cette manie des
Auteurs Allemands de vouloir
trouver sur leur sol les plantes
de la Grèce et de l'Asie mineure,
a donné lieu à cette discordance
de nomenclature qui n'a pu être
débrouillée dans la suite que par
G. Bauhin.

BUL. *Paris.* Flore de Paris par
BULLIARD. *Paris...* six vol. in-8°,
avec 640 Planches sur cuivre,
renfermant 640 Figures enluminées, médiocres, bonnes et en
très-grande partie complètes,
(quelques-unes mal déterminées)
et 640 Plantes rangées selon le
système de *Linné.*

*Systématique orthodoxe; In-
venteur, Descripteur, et Dénominateur nouveau.*

Quoique *Bulliard* n'eût pas
acquis une grande pratique pour
la détermination des plantes, lorsqu'il a publié sa Flore de Paris,
cependant cet Ouvrage est devenu précieux pour les Elèves
en Botanique, parce qu'il offre
d'assez bonnes descriptions caractéristiques des Espèces les plus
vulgaires, et des Figures le plus
souvent correctes, quoiqu'assez
mal coloriées. Nous regrettons
que la mort prématurée de ce
laborieux Botaniste l'ait empêché
de conduire à sa fin son grand
Ouvrage, intitulé, l'*Herbier de
la France.* Les plantes vénéneuses
et les champignons sont exécutés de manière à ne rien laisser
à desirer, soit pour l'exactitude

des dessins, la vérité des teintes,
et la précision du signalement de
chaque espèce. Il ne s'est pas
rendu moins utile par son *Dictionnaire de Botanique*, qui est
un des plus complets que nous
possédions dans notre langue.

BURM. *Thes.* Thesaurus Zey-
lanicus, exhibens plantas in in-
sulâ Zeylanicâ nascentes, curâ
et studio Joann. BURMANNI. *Amstelodami*, 1737; un vol. in-4°,
avec 110 Planches sur cuivre, renfermant 157 figures en noir, ombrées, bonnes et complètes.

Ejusd. Afric. Joannis BUR-
MANNI rariorum Africanarum
Plantarum ad vivum delineata-
rum, iconibus ac descriptionibus
illustratarum, decades X. *Amstelodami*, 1738; un vol. in-4°,
avec 100 Planches sur cuivre,
renfermant 217 Figures en noir,
ombrées, bonnes, et en partie
complètes.

*Collecteur, Descripteur, et
Dénominateur ancien.*

Quoique *Burmann* ne doive
pas être cité comme un véritable
inventeur, n'ayant point voyagé
dans les pays dont il a décrit et
fait dessiner les plantes, il a
cependant rendu un grand service
à la science, en publiant les
descriptions et les Figures d'une
multitude d'espèces neuves découvertes, mais non publiées
par de célèbres voyageurs ses
contemporains.

BUX. *Cent.* Plantarum minus
cognitarum, circa Byzantinum
et in Oriente observatarum,
centuriæ V, per J. C. BUX-
BAUM. *Petropoli*, 1728, in-4°;

avec 326 Planches sur cuivre, renfermant environ 576 Figures en noir, ombrées, médiocres et bonnes.

Inventeur, Descripteur, et Dénominateur ancien.

Quoique *Buxbaum* ait été un des plus célèbres voyageurs en Botanique, et qu'il ait eu occasion d'examiner une multitude de nouvelles espèces dans ses voyages en Grèce et dans le Levant, cependant on lui reproche avec raison d'avoir travaillé ses Ouvrages avec très-peu de soin, et de n'avoir point surveillé ses Dessinateurs et ses Graveurs. En général ses descriptions ont été rédigées à la hâte, et annoncent rarement un Botaniste qui sait saisir les véritables attributs distinctifs de chaque espèce. Aussi la plupart de celles qu'il a publiées sont devenues inutiles comme tant d'autres, par l'impossibilité où s'est trouvé *Linné* de les déterminer, n'ayant pas sous les yeux les échantillons pour les comparer avec les figures.

(Nous n'avons vérifié que les figures des quatre premières centuries, les seules que nous possédions).

C

CAMER. *Epit.* Joachimi CAMERARII Epitome de Plantis. *Francofurti ad Mænum*, 1586; un vol. in-4°, avec environ 1018 Figures sur bois, en noir, ombrées, médiocres, bonnes et en partie complètes.

Ejusd. Hort. Hortus medicus et philosophicus, in quo plurimarum stirpium breves descrip-

tiones, novæ icones non paucæ, indicationes locorum natalium, etc. continentur; auctore Joachimo CAMERARIO. *Francofurti ad Mænum*, 1588; un vol. in-4°, avec 47 Planches sur bois, renfermant 50 Figures en noir, ombrées, bonnes et en partie complètes.

Inventeur, Descripteur, et Dénominateur ancien.

Les Ouvrages, les Manuscrits et les Figures de *Gesner*, relatifs à la Botanique, ayant été achetés par *Wulf* qui avoit promis de les publier, cette précieuse collection fut acquise par *Camerarius* qui n'en tira pas le parti que l'on pouvoit en attendre. Il se contenta d'en employer un grand nombre dans la dernière édition de son *Epitome* ou Abrégé de *Matthiole*, et quelques autres dans son *Hortus*. Il ne faut cependant pas croire que toutes les Figures caractéristiques que cet Auteur a publiées, appartiennent à *Gesner*. Il est certain que *Camerarius* ayant adopté les principes de *Gesner*, avoit fait dessiner plusieurs espèces qui n'ont été découvertes que long-temps après sa mort, d'après le plan adopté par ce grand homme, savoir en faisant dessiner à part avec beaucoup de soin, la fleur et le fruit.

Quoi qu'il en soit, les Figures de *Camerarius* sont de véritables chefs-d'œuvre de gravure sur bois. Plusieurs cependant ne méritent aucune attention, n'étant que des copies de celles de *Matthiole*.

* CATESB. *Carol.* Histoire naturelle de la Caroline, de la Floride,

Floride, et des isles de Bahama, par feu M. Marc CATESBY, et revu par M. *Edwards*. A *Londres*, 1754 ; deux vol. in-fol. atlas, avec 220 Planches sur cuivre, dont 160 relatives à la Botanique, renferment 167 Figures coloriées, bonnes et incomplètes.

Inventeur, Descripteur, et Dénominateur ancien.

Le magnifique Ouvrage de *Catesby* est plus estimé pour les Oiseaux que pour les Plantes, cet Auteur ayant fait graver à côté de chaque oiseau, la plante dont il se nourrit ou sur laquelle il se repose.

CAVANIL. *Diss. Bot.* Dissertationes Botanicæ, auctore Antonio-Josepho CAVANILLES. *Paris*, 1785. Huit dissertations en deux vol. in-4, avec 243 Planches sur cuivre, renfermant 536 Figures en noir, ombrées, bonnes et en très-grande partie complètes.

Systématique orthodoxe ; Inventeur, Descripteur, et Dénominateur moderne.

Cavanilles peut être comparé à *Plukenet*, pour le nombre des plantes exotiques dont il a publié les figures et les descriptions. Toutes celles sur lesquelles il a travaillé à Paris, ont été gravées d'après les individus cultivés dans les jardins ou conservés dans les riches herbiers de *Jussieu*, etc.

Nous devons à ce Savant laborieux, un autre Ouvrage plus considérable encore, qui présente une foule de Plantes d'Amérique et plusieurs espèces de Plantes rares d'Espagne non encore ramenées par *Linné* à l'ordre systématique, absolument neuves ou encore flottantes parmi les Figures de *l'Ecluse* et *Barrelier*. En général les phrases caractéristiques de *Cavanilles* portent sur des attributs constans ; ses descriptions sont assez détaillées pour fournir une image exacte de l'espèce. La plupart de ses Figures sont dessinées avec vérité, et plusieurs sont précieuses par les détails de la fructification, qui peuvent seuls caractériser les genres.

CLUS. *Hist.* Caroli CLUSII Atrebatis rariorum Plantarum Historia. *Antuerpiæ*, 1610 ; un vol. in-folio, avec 1161 Figures sur bois, en noir, ombrées, médiocres et bonnes.

CLUS. *Exot.* Caroli CLUSII Atrebatis, Exoticorum libri decem. *Lugduni Batavorum*, 1605 ; un vol. in-folio, avec 300 Figures sur bois, en noir, ombrées, médiocres et bonnes.

Inventeur et Descripteur.

L'Ecluse, quoique non Médecin, a été un des Botanistes les plus zélés du 16e siècle, et un des martyrs les plus célèbres de cette science. Il se fit d'abord connoître dans le monde savant par la traduction françoise du premier Ouvrage de *Dodoens*, intitulé *Histoire des Plantes*, rédigé en flamand. Son zèle pour la Botanique lui fit bientôt après entreprendre le voyage de la France, pendant lequel il parcourut nos hautes Alpes du Dauphiné et des Pyrénées. Pénétrant ensuite en Espagne, il visita cette région féconde en plantes rares, de même que le

Tome V.

T

Portugal. Ses recherches dans ces pays nous ont procuré ses *Plantæ rariores per Hispaniam observatæ* ; ouvrage dans lequel on ne sauroit assez louer l'exactitude du dessin , la beauté et la finesse des gravures sur bois de 230 Espèces nouvelles pour la plupart ; les descriptions de ces Espèces portent presque toutes non - seulement sur l'ensemble des parties de chaque plante , mais sur leur nombre , leur figure , et souvent même sur les parties les plus minutieuses , comme les étamines et les pistils , dont l'examen paroit avoir été réservé aux modernes.

Quoique *l'Ecluse* ne paroisse pas au premier coup d'œil s'être occupé dans cet Ouvrage des grands rapports des végétaux entr'eux , qui constituent ce que nous appelions *Méthode* ; on voit cependant par ces rapprochemens , que ce que nous appelons *Genres* et *Espèces* , et même *Ordres* , n'avoient point échappé à la sagacité de cet Auteur. On en peut dire autant de son second Ouvrage , intitulé *Stirpes rariores per Pannoniam et Austriam observatæ.* Mais dans ce dernier , les Graveurs qu'il a employés n'ont point imité comme les premiers , la finesse des dessins de l'Auteur. C'est sur-tout dans les *Plantæ Pannonicæ* que se trouvent une multitude de Plantes Alpines très-rares , dont il a donné le premier , les Figures et les descriptions , et dont il est réputé l'inventeur , quoique la plupart de ces plantes eussent été déjà dessinées, mais non publiées par *Gesner. L'Ecluse* retiré à Leyde

où il avoit été appelé par les Curateurs de l'Université de cette ville pour y enseigner la Botanique , recueillit sur la fin de sa vie tous ses *Adversaria* , et les publia sous le titre de *Rariorum Plantarum Historia.*

Son zèle pour les progrès de la science s'étant toujours soutenu , il ajouta dans la suite deux opuscules , sous le titre de *Curæ posteriores.*

Nous devons encore à cet infatigable Naturaliste , des traductions libres de plusieurs Ouvrages sur les plantes et les animaux exotiques , comme 1.° les traités de *Garzias* sur les aromates , écrit en portugais ; 2.° le traité de *Monard* sur les médicamens d'Amérique , écrit en espagnol ; 3.° le traité d'*Acosta* sur plusieurs plantes exotiques , rédigé en espagnol. Il a publié avec des additions considérables quelques Ouvrages de *Belon.* Toutes ces traductions ont été réunies en un seul vol. in-folio, sous le titre de *Libri decem exoticorum.* Ils annoncent que *l'Ecluse* avoit des connoissances très-variées sur toutes les parties de l'Histoire naturelle, et que presque toutes les langues de l'Europe lui étoient familières.

COLUMN. *Ecphras.* Fabii Columnæ Lyncei minùs cognitarum rariorúmque nostro cœlo orientium stirpium, Ecphrasis. *Romæ* , 1616 ; un vol. in-4°, dont la première partie contient 101 Planches sur cuivre , renfermant 155 Figures en noir, ombrées, bonnes et en partie complètes ; en outre , une Planche à la suite de la première partie, à la fin des *Observationes*, représentant l'*Hypomea Quamoclit*, L.; la seconde partie contient 29 Planches, renfermant 46 Figures.

Ejusd. Phyt. Fabii COLUMNÆ Lyncei Phytobazanos. *Florentiæ*, 1744; un vol. in-4°, avec 38 Planches sur cuivre, dont 33 relatives à la Botanique, renferment 35 Figures en noir, ombrées, bonnes et en partie complètes.

(*Gesner*, *Columna* et *Camerarius* ont été les premiers Botanistes qui ont présenté isolées les parties de la fructification qui doivent servir à constituer les Genres.)

Inventeur, Descripteur, et Dénominateur ancien.

Fabius Columna peut être regardé, après *Gesner*, comme l'un des Botanistes dont les vues ont été les plus profondes. Il ne faut pas croire qu'il ait d'abord saisi l'ensemble de la science et découvert les vrais principes des dispositions méthodiques. Dans son premier Ouvrage, savoir dans son *Phytobazanos*, publié en 1592, il paroît n'avoir eu d'autre vue que de déterminer les véritables espèces signalées par les Anciens, spécialement par *Dioscoride*. Frappé d'une maladie affreuse (l'épilepsie) quoique non médecin, il crut pouvoir à force de recherches, découvrir les plantes indiquées par *Dioscoride*, comme pouvant le soulager ou le guérir de cette maladie. Le *Plu* de cet Auteur qui est la *Valériana officinalis*, L. lui procura effectivement une guérison inattendue. Mais ce ne fut que dans ses derniers Ouvrages, savoir dans la seconde partie de son *Ecphrasis* qu'il insista sur la nécessité d'observer avec soin, même à la loupe, les différentes parties de la fructification qui pouvoient, selon lui, servir à coordonner d'après le véritable plan de la Nature, les végétaux entr'eux. Nous pouvons même dire, que ce n'est que dans la dernière partie de son *Ecphrasis* publiée en 1616, qu'il a constamment développé, décrit et fait graver les parties de la fructification, et ce ne fut que quelques années après qu'il a développé et publié ce dogme fondamental, dans ses notes sur l'Histoire naturelle de *Fernandez*.

COMM. *Præl.* Gaspari COMMELINI Præludia botanica. *Lugduni Batavorum*, 1703; un vol. in-4°, avec 33 Planches sur cuivre, renfermant 33 Figures en noir, ombrées, bonnes et en partie complètes.

Ejusd. Rar. Gaspari COMMELINI Horti Medici Amstelodami Plantæ rariores et exoticæ. *Lugduni Batavorum*, 1715; un vol. in-4°, avec 48 Planches sur cuivre, renfermant 48 Figures en noir, ombrées, bonnes et en partie complètes.

Inventeur, Descripteur, et Dénominateur ancien.

Cet Auteur, quoique non voyageur, a rendu de grands services à la Botanique, en décrivant et faisant graver plusieurs plantes rares cultivées dans les différens jardins de Hollande.

T 2

CORN. *Canad.* Jac. CORNUTI Canadensium Plantarum aliarumque nondùm editarum Historia. *Parisiis*, 1735; un vol. in-4°, avec 67 Planches sur cuivre, renfermant 67 Figures en noir, ombrées, bonnes et incomplètes.

Inventeur, Descripteur, et Dénominateur ancien.

Cornutus a été le premier Botaniste qui ait fait connoître un certain nombre de plantes de l'Amérique Septentrionale; mais son Ouvrage a aujourd'hui peu de valeur, ayant été rédigé dans un temps où la Botanique n'avoit aucun principe fixe, aucun plan de recherches raisonné. Il est encore le premier qui ait ébauché la Flore des environs de Paris.

CRANTZ *Stirp. Aust.* Henrici-Joan. Nepom. CRANTZ Stirpium Austriacarum pars. 1 et 2, continens fasciculos sex, editio altera. *Viennæ*, 1769; deux vol. in-4°, avec 18 Planches sur cuivre, renfermant 50 Figures en noir, ombrées, bonnes et incomplètes.

Systématique orthodoxe; Inventeur, Descripteur, et Dénominateur moderne.

Ce professeur de Vienne ayant voué à l'immortel *Linné* une haine implacable, n'a négligé aucune occasion d'attaquer ses dogmes fondamentaux; et tout en le critiquant avec amertume, il n'a rédigé ses *Institutiones Rei herbariæ*, et n'a proposé une prétendue méthode naturelle, que d'après les caractères génériques et spécifiques de *Linné*. Dans ses

Fascicules, on ne peut disconvenir qu'il n'ait décrit et figuré plusieurs plantes très-rares et même quelques espèces nouvelles observées sur les Alpes des environs de Vienne. Ses Figures sont assez exactes, quoique gravées d'une manière dure; mais ses descriptions sont rédigées d'un style qui n'annonce que trop par son âpreté, le caractère de l'Auteur.

D

DALECH. *Lugd.* ou *Lugd. Hist.* Jacobi DALECHAMPII Historia generalis Plantarum. *Lugduni*, 1587; deux vol. in-folio, avec 2709 Figures sur bois, en noir, ombrées, médiocres, mauvaises et bonnes.

Inventeur, Descripteur, et Dénominateur ancien.

Daléchamp sera toujours regardé comme un des plus savans Médecins et des plus laborieux Naturalistes de son temps. Ses notes sur *Pline* établissent la prodigieuse variété de ses connoissances. L'*Histoire des plantes de Lyon*, dont il a été le premier rédacteur, prouve qu'il avoit voyagé en véritable observateur sur toutes les hautes Alpes du Dauphiné et de la Savoie, et qu'il avoit parcouru avec soin tous les cantons qui avoisinent la ville de Lyon. Il est probable que *Daléchamp* détermina le célèbre et savant Imprimeur *Roville*, à faire rédiger une histoire complète de toutes les plantes connues de son temps. G. Bauhin a eu tort de reprocher à *Daléchamp* d'avoir fait un double emploi de près de 600

Figures. S'il avoit bien lu la Préface de *Roville*, il se seroit assuré que ce double emploi n'a point été l'effet de l'ignorance, mais que *Roville* voulant concentrer dans un seul Ouvrage toutes les Figures originales des différens Auteurs, il avoit dû faire regraver par exemple, celles de *Fuchs* au trait, et celles de *Matthiole* ombrées.

On trouve dans l'*Histoire des Plantes de Lyon*, plusieurs centuries d'espèces dont le nom est terminé par celui de *Daléchamp*. Ce sont en effet des espèces qu'il a le premier décrites, dessinées et fait graver, et parmi ces espèces il y en a plusieurs très-bien exprimées, telle que l'*Erinus Alpinus*, L. etc. Quelques-unes même qui n'ont été reconnues et ramenées à la disposition systématique que par les Botanistes très-modernes, telles que la *Berardia subacaulis*, Vil., la *Valeriana Saliunca*, Allion. D'autres très-rares que nous trouvons encore dans les lieux indiqués par *Daléchamp*, telles que la *Centaurea conifera*, L. l'*Antirrhinum bellidifolium*, L. etc. Et malgré les travaux des plus savans Naturalistes de nos provinces, nous trouvons encore dans ce grand Ouvrage de *Daléchamp*, plusieurs plantes décrites et figurées dont on n'a pu encore retrouver l'espèce qui avoit servi de modèle à cet Auteur.

DAMB. *Teint.* Recueil de procédés et d'expériences sur les teintures solides que nos Végétaux indigènes communiquent aux laines et aux lainages, par M. J. A. DAMBOURNEY. *Paris*, 1786; un vol. in-8.° sans Planches.

L'Ouvrage de *Dambourney* sur les Plantes qui peuvent fournir aux Teinturiers des couleurs différentes, renferme une multitude de nouvelles observations et de nouveaux résultats. Avant les travaux de cet estimable Auteur, on n'avoit essayé qu'un très-petit nombre de Plantes pour le bon et le faux teint. La Dissertation de *Linné*, intitulée *Plantæ tinctoriæ*, dont nous avons indiqué les résultats dans notre texte, n'est pas comparable aux recherches de *Dambourney*. Aussi avons-nous cru devoir, dans notre table sur les Plantes qui servent à la teinture, indiquer toutes celles que notre Auteur a manipulées, et qui peuvent fournir des résultats satisfaisans. Il paroît par les recherches de *Dambourney*, que toutes les Plantes peuvent fournir des parties colorantes, mais que la grande difficulté consiste à trouver un mordant pour les fixer.

DEL. *Flor. d'Auv.* Flore d'Auvergne ou recueil des Plantes de cette ci-devant province, par A. DELARBRE. A *Clermont-Ferrand*, 1797 (an 5); un volume in-8.° sans Figures, renfermant 1684 Plantes, rangées par ordre alphabétique.

On doit à ce Botaniste le premier Catalogue des Plantes de l'Auvergne, dont les plus rares ne sont guères que des sons-Alpines. La Gentiane des neiges, qui ne croît que sur les Hautes-

Alpes, nous avoit fait juger que les montagnes de l'Auvergne ne s'élèvent guères qu'à 1000 toises, et ce n'est pas la première fois que nous avons pu évaluer à peu près la hauteur d'une montagne par les Plantes qu'elle produit.

DESF. *Flor. Atlant.* Renatus DESFONTAINES Flora Atlantica, *sive* Historia Plantarum quæ in Atlante, Agro Tuneto et Algeriensi crescunt. *Parisiis*, 1798 ; 2 vol. grand in-4°, avec... Planches sur cuivre, renfermant... Figures en noir, ombrées.....

Systématique orthodoxe ; Inventeur, Descripteur, et Dénominateur nouveau.

Quoique nous n'ayons point cité les Figures du *Flora Atlantica* de *Desfontaines*, que nous n'avons pu nous procurer, nous ne pouvons cependant nous dispenser d'indiquer aux Élèves un Ouvrage qui annonce dans son Auteur, non-seulement la plus grande sagacité, mais qui peut servir de modèle pour l'exactitude rigoureuse des descriptions et des figures. Les extraits des leçons de ce modeste proffesseur, que l'on trouve dans différens journaux, nous prouvent qu'il pouvoit seul présenter l'enseignement de la Botanique d'une manière philosophique. Sa logique est sévère et vraiment Linnéenne. Il insiste beaucoup dans ses leçons sur la connoissance des caractères génériques. *Desfontaines* pense avec raison que les Élèves qui possèdent bien une méthode, et qui connoissent un grand nombre de genres dans telle mé-

thode donnée, pourront, en ayant bien saisi les caractères d'une, deux ou trois espèces de ces genres, déterminer facilement tous les autres genres et les espèces non démontrées. Les Amateurs de la science attendent avec impatience un Catalogue raisonné de toutes les Espèces qui sont cultivées dans le Jardin national de Paris. Si *Desfontaines* rédige ce Catalogue, comme on nous le fait espérer, on sera convaincu chez les étrangers, que le jardin de Paris est sans contredit celui qui offre le plus grand nombre de Genres et d'Espèces.

DILL. *Elth.* Horti Elthamensis Plantarum rariorum icones et nomina à Joh. Jac. DILLENIO. *Lugduni-Batavorum*, 1774 ; deux vol. in-fol. avec 324 Planches sur étain, renfermant 417 Figures en noir, ombrées, bonnes et en partie complètes.

Ejusd. Hist. Musc. Historia Muscorum, auctore Joanne Jacobo DILLENIO. *Londini*, 1768 ; un vol. in-4.° avec 85 Planches sur étain, renfermant 586 Figures d'espèces en noir, ombrées, bonnes, et 1000 Figures en comprenant les variétés.

Systématique orthodoxe pour les Cryptogames ; Inventeur, Descripteur, et Dénominateur ancien.

Vaillant et *Dillen* ont été les premiers Botanistes, qui aient fait connoître, d'après des principes sûrs, les Plantes cryptogamiques. Nous devons à *Dillen* quelques genres et plusieurs espèces nouvelles Européennes ;

qu'il a publiés, soit dans les *Ephémérides de la Nature*, soit dans sa *Flora Ienensis*. Les nouveaux genres qu'il a constitués se trouvent dans l'*Appendix* de ce dernier Ouvrage devenu très-rare; mais *Lamarck* les a adoptés dans ses *Illustrationes*.

DODART *Mém.* Mémoires pour servir à l'Histoire Naturelle des Plantes, par *Dodart*. Amsterdam et Leipzig, 1758; un volume in-4°, avec 48 Planches sur cuivre, renfermant 41 Figures en noir, ombrées, bonnes et en partie complètes.

Collecteur, et Dénominateur ancien.

L'Ouvrage cité sous le nom de *Dodart*, ne lui appartient qu'en partie; il en a seulement rédigé l'introduction. Mais les descriptions des Plantes que présente ce volume, ont été dirigées par les différens Botanistes de l'Académie. On regrettera toujours que le premier plan de l'ancienne Académie n'ait pas été continué. Elle avoit projeté de publier une Histoire critique des Plantes et des Animaux : mais les guerres perpétuelles de *Louis XIV* ayant fait tarir les fonds destinés pour cette entreprise, nous ne possédons que des Essais exécutés d'après ce beau plan. Dans la collection que nous venons de citer, se trouvent plusieurs espèces rares nouvellement introduites dans les jardins d'Europe, aussi bien décrites que figurées, parmi lesquelles on observe quelques nouvelles espèces Européennes.

DOD. *Pempt.* Remberti Dodonæi Pemptades Stirpium, libri vI. *Antverpiæ*, 1583; un vol. in-folio, avec 1328 Figures sur bois, en noir, ombrées, médiocres et bonnes.

Inventeur, Descripteur, Collecteur, et Dénominateur ancien.

Quoique *Tournefort* ait eu raison d'avancer que *Dodoens* ne pouvoit être comparé pour la sagacité à son ami *l'Ecluse*, cependant la Botanique lui a de grandes obligations comme Collecteur et Inventeur. Quoique ses descriptions soient peu détaillées et par conséquent le plus souvent incomplètes, nous lui devons quelques centuries de Plantes, dont il a le premier publié de très-bonnes Figures. Comme *l'Ecluse*, il avoit d'abord rédigé différens petits Ouvrages in-8.° Tels sont ses *Frugum Historia*, 1552 ; *Florum et Purgantium Historia; Stirpium Historia*, en flamand, traduite par *l'Ecluse*, 1553. Comme *l'Ecluse*, il rassembla tout ce qu'il avoit donné dans ses différens Ouvrages, et les publia in-folio sous le nom de *Pemptades*, en 1583. Cet Ouvrage qui est le seul cité, offre toutes les bonnes Figures des précédens et plusieurs nouvelles espèces, sur-tout des Plantes marécageuses. Comme *Lobel* et par la même raison, il s'appropria dans cet Ouvrage une partie des Figures de *l'Ecluse*. Il ne faut pas croire, comme la plupart des Auteurs qui l'ont cité, qu'il présente la Figure de toutes les Plantes qu'il a décrites. Souvent à la suite de l'espèce figurée, il propose sans Figures, par un

T 4

sur le signalement, quelques espèces congénères. En général, cet Ouvrage est écrit d'un style pur, et doit être regardé comme une des principales sources de l'histoire des Plantes.

DUHAM. *Arb.* Traité des Arbres et Arbustes qui se cultivent en France en pleine terre, par DUHAMEL DU MONCEAU. *Paris*, 1755; deux volum. in-4°, avec 1.° 193 Planches sur cuivre, représentant 193 Figures de genres, dont 137 copiées sur ceux de *Tournefort*, et 56 propres à *Duhamel* ou copiées des autres Auteurs; 2.° avec 250 Planches sur bois, renfermant 281 Figures, médiocres et bonnes, sur lesquelles 156 sont tirées des grandes Figures de *Matthiole*; les autres appartiennent à *Duhamel*, et quelques-unes sont dessinées d'après nature.

Systématique orthodoxe et hétérodoxe; Inventeur, Descripteur, et Dénominateur ancien.

Cet Auteur est plus recommandable par son anatomie physiologique des Végétaux, que comme Botaniste praticien. Son *Traité des Arbres et Arbustes* sera cependant toujours recherché, parce qu'il offre des détails très-intéressans sur les végétaux naturalisés en France ou qui y croissent spontanément. Une partie des Figures qu'il a employées sont celles de la grande édition de *Matthiole*, dont il s'étoit procuré par hasard une partie des bois. Les vignettes qui offrent les caractères génériques, sont en grande partie calquées sur celles de *Tournefort*; mais il en a

ajouté plusieurs pour signaler les nouveaux genres inconnus au Botaniste François. Nous lui devons encore des Figures exactes de plusieurs Arbrisseaux nouvellement introduits dans nos jardins.

DURANDE *Flor. de Bourg.* Flore de Bourgogne, ou Catalogue des Plantes naturelles à cette province, par DURANDE. *Dijon*, 1782; deux vol. in-8°, sans Figures, renfermant 1284 Plantes.

Systématique orthodoxe.

Cet Auteur a cherché à combiner la méthode naturelle avec l'examen de la corolle considérée comme monopétale, polypétale, régulière et irrégulière. Cette méthode mixte est bien tracée, et peut faciliter aux élèves la connoissance des Plantes. Comme Floriste, *Durande* ne nous paroit pas toujours exact dans la détermination de ses espèces. Il en indique plusieurs que l'on a vainement cherchées depuis dans cette Province. La partie de son Ouvrage qui traite des usages et des vertus des Plantes, peut être regardé comme une bonne compilation.

F.

* FEUIL. *Per.* Histoire des Plantes médicinales qui sont le plus en usage aux Royaumes de l'Amérique Méridionale du Pérou et du Chili, imprimé à la suite des tomes 2 et 3 du Journal des observations Physiques, Mathématiques et Botaniques, par le père FEUILLÉE, minime. *Paris*, 1714 et 1715; trois vol. in-4°, avec 100 Planches sur cuivre,

renfermant 145 Figures, bonnes
et presque toutes incomplètes.

*Inventeur , Descripteur , et
Dénominateur ancien.*

Quoique le père *Feuillée* soit
plus recommandable par ses connoissances physiques et astrono-
miques, cependant son Ouvrage
mérite l'attention des Botanistes,
comme présentant de très-bonnes
Figures de Plantes Américaines,
qui presque toutes devroient être
connues des Botanistes Euro-
péens, par leurs propriétés médicinales.

Observ. L'ouvrage de *Feuillée*
ne nous étant parvenu qu'après
l'impression des deux premiers
volumes de notre *Système des
Plantes*, nous prévenons que les
citations de cet Auteur que nous
avons faites d'après *Reichard*,
présentent des erreurs, comme
celles de tome I, au lieu de
tome II ou III, vû que le premier volume de *Feuillée* ne renferme point de Planches.

FORSK. Ægyp. Flora Ægyp-
tiaco-Arabica *sive Descriptiones
Plantarum quas per Ægyptum
inferiorem et Arabiam felicem
detexit, illustravit, Petrus FORS-
KAL. Hanniæ*, 1775; un volum.
In-4°, avec 43 Planches sur cuivre, dont 20 relatives à la Botanique, renferment 27 Figures
en noir, ombrées, bonnes, dont
deux complètes.

Ouvrage posthume, publié par
Carsten Niebuhr.

*Systématique Orthodoxe; In-
venteur, Descripteur, et Dénominateur nouveau.*

Forskal est un des principaux
Naturalistes de la fameuse expé-
dition conseillée par *Linné*, et
qui fut si malheureuse; presque
tous ceux qui la composoient
périrent misérablement. L'Ouvrage posthume de *Forskal* offre
une foule d'observations neuves,
non-seulement sur le Règne végétal, mais encore sur les Animaux. Il présente, outre plusieurs Catalogues de Plantes des
pays qu'il a parcourus, des descriptions détaillées de plusieurs
espèces neuves, et rédigées d'a-
près les principes et la nomenclature de *Linné*.

FUCHS. Hist. Leonardi Fu-
csii Historia Plantarum Germaniæ. *Basileæ*, 1543; un vol. in-
folio, avec 511 Figures sur bois,
au trait ou sans ombre, médiocres
et bonnes.

Inventeur et Descripteur.

L'Ouvrage de *Fuchs* a été publié sous deux formats, in-folio
et in-8.° Les éditions in-8° sont
nombreuses. *Fuchs*, après *Bruns-
fels*, doit être regardé comme
un des fondateurs de la Botanique
parmi les modernes. Son texte
ne mérite pas de fixer notre attention, n'offrant qu'une compilation des noms des anciens, le
plus souvent mal appliqués à des
plantes du Nord, dont les pères
de l'art n'ont eu aucune connoissance. Mais son Ouvrage est
précieux par les Figures qui la
plupart sont encore aujourd'hui
aussi exactes que celles des plus
modernes. Comme elles sont dessinées d'après un module étendu,
elles présentent plus distincte-
ment la figure des Fleurs que

nelles de ses successeurs, qui ont adopté un module beaucoup plus petit.

G.

GARID. *Aix* ou *Prov.* Histoire des Plantes qui naissent aux environs d'Aix et dans plusieurs autres endroits de la Provence, par GARIDEL. A *Aix*, 1715; un vol. in-folio, avec 100 Planches sur cuivre, renfermant 99 Figures, en noir, ombrées, médiocres et bonnes, (une Planche représente le *Kermès* dans ses différens états), et environ 1497 Plantes rangées par ordre alphabétique.

Inventeur, Descripteur, et Dénominateur ancien.

Ouvrage intéressant, pour la notice historique et critique des Auteurs, qui est si bien rédigée qu'*Adanson* en a tiré plusieurs articles, notamment celui de *Gesner*; mais foible pour la synonymie, n'offrant presque aucune observation neuve, et indiquant un très-petit nombre d'espèces nouvelles, dans un pays qui en a offert un si grand nombre au savant *Gérard*.

GÆRTN. *De fruct.* Josephus GÆRTNER de fructibus et seminibus Plantarum. *Stutgardiæ*, 1788; trois vol. in-4°, avec 180 Planches sur cuivre, renfermant 1377 Figures, en noir, ombrées, bonnes, dont 989 Figures de genres.

Systématique orthodoxe; Inventeur, et Dénominateur nouveau.

L'Ouvrage de *Gærtner* considéré dans son ensemble et examiné dans ses détails, doit être regardé en Botanique comme une des meilleures productions de ce siècle. On peut même le comparer à l'Ouvrage le plus parfait dans ce genre, savoir: aux *Institutiones rei herbariæ* de *Tournefort*. L'Auteur paroit avoir presque toujours travaillé d'après la nature vivante; aussi s'apperçoit-on pour chaque genre, tant dans ses descriptions que dans le détail de ses Figures caractérisques, qu'il n'a rien omis d'essentiel pour la formation des caractères naturels, relativement aux semences et aux enveloppes dans chaque genre. Il seroit même difficile de nombrer la multitude d'observations neuves que cet Ouvrage précieux peut offrir aux Botanistes les plus exercés. Les genres que l'on regardoit, d'après le travail de *Tournefort* et de *Linné*, comme parfaitement établis, ont cependant offert à notre Auteur des attributs nouveaux, sur-tout relativement à l'enveloppe des semences (Périsperme) et au pédicule ou cordon ombilical qui les lie, soit avec les diaphragmes des capsules, des baies, etc., soit avec le réceptacle, lorsque ce sont des semences nues. Tous ces faits ont suggéré à l'Auteur une nouvelle distribution méthodique des genres, rédigée d'après les fruits. Nous l'avons énoncé comme Inventeur, parce qu'il ne s'est pas contenté d'enrichir par des observations et des Figures neuves, les genres déjà constitués par *Tournefort*, *Linné* et autres, mais parce qu'il en a caractérisé plusieurs d'absolument nouveaux d'après ses propres observations; et ce qui confirme la haute idée que nous avons du travail de *Gærtner*, c'est que tous ses contemporains qui se sont occupés de l'illustration des genres, ont cru devoir copier ses caractères génériques relativement aux fruits et aux semences. Si nous n'avons pas cité les Figures de *Gærtner*, c'est que nous avons vérifié qu'elles ont toutes été copiées, de même que celles de *Tournefort*, *Dillen*, etc. dans les *Illustrations des genres*, exécutées par les soins du professeur *Lamarck*. La cherté et la rareté du prix de l'ouvrage de *Gærtner*, nous ont déterminés à citer en faveur des Élèves un Ouvrage plus répandu et plus intelligible pour eux. Nous observerons que *Gærtner* a toujours indiqué, décrit et fait graver, non-seulement l'espèce d'après laquelle il a constitué chaque genre, mais encore plusieurs espèces de chaque genre. Il eût été à désirer que *Tournefort*, *Linné*, etc. eussent eu la même idée qui est très-philosophique.

GER. *Prov.* Ludovici GERARDI Flora Gallo-Provincialis. *Paris*, 1761; un volum. in-8°, avec 19 Planches sur cuivre, renfermant 25 Figures, en noir, ombrées, bonnes et incomplètes.

Systématique orthodoxe; Inventeur, Descripteur, et Dénominateur nouveau.

L'Ouvrage de *Gérard* sera toujours recherché, parce qu'il a présenté le premier, le plan de la méthode naturelle de *Bernard de Jussieu*. D'ailleurs, sa Flore nous offre quelques espèces neuves,

dont les figures et les descriptions annoncent un Botaniste très-exercé.

* **GESN.** *Oper. Bot.* Conradi GESNERI Opera Botanica, *Norimbergæ*, 1751; un vol. in-fol. avec 1.° vingt-deux Planches, sur bois, renfermant 198 Figures, en noir, ombrées, bonnes et en grande partie complètes; 2.° vingt Planches sur cuivre, renfermant 175 Figures en noir, ombrées, bonnes et en partie complètes; 3.° quinze Planches sur cuivre, renfermant 50 Figures coloriées, bonnes et en partie complètes. (*Ouvrage posthume, publié par Christophe* SCHMIDEL.)

Inventeur et Descripteur.

Les deux ouvrages de *Gesner* qu'il a publiés de son vivant, savoir; de *Lunariis et Noctilucentibus*, avec 5 Figures; de *Hortis Germaniæ*, avec 5 Figures, avoient fait connoître sa manière originale de travailler en Botanique. Il avoit déjà pressenti dès 1550, la nécessité de décrire avec soin et de faire figurer les parties de la fructification pour la coordination des genres et des espèces; dogme qu'il a développé par une assertion positive dans une de ses lettres publiées après sa mort. Mais, pour juger l'étendue du travail de *Gesner* en Botanique, il faut consulter avec soin l'*Épitome* de *Camerarius*, dont presque toutes les Figures avoient été exécutées sous la direction de *Gesner*, et dont un grand nombre présente les parties de la fructification toutes dessinées séparément. On s'en convaincra

encore plus , en parcourant cette
multitude considérable de Figures gravées sur bois , et plusieurs
Figures coloriées publiées en
1751 par *Schmidel.* Il résulte,
après la savante Table rédigée par
cet éditeur, que *Gesner* a laissé
à sa mort dans ses porte-feuilles,
près de 2600 Figures exécutées
d'après son plan. Aussi *de Haller*
qui nous a fourni de très-grands
détails sur les recherches de *Gesner* comme Naturaliste , soit dans
son *Methodus studii Medici*, soit
dans sa *Bibliotheca Botanica* ,
a-t-il en raison de conclure que
si *Gesner* eût vécu assez long-
temps pour pouvoir publier ses
Ouvrages de Botanique , il auroit enlevé aux plus célèbres de
ses successeurs , même à *l'Ecluse,*
une grande partie de leurs découvertes.

GILIB. *Démonst.* Démonstrations élémentaires de Botanique,
4.º édition , partie des Figures.
Lyon, 1796; deux vol. in-4° ,
avec 282 Planches sur cuivre,
renfermant 313 Figures en noir,
ombrées, mauvaises, médiocres
et bonnes.

Le plus grand nombre des Figures de *Belleval;* quelques-unes
de *Loësel, et* quelques-unes de
Gilibert d'après nature.

Id. Fl. d'Europ. Histoire des
Plantes d'Europe *ou* Elémens de
Botanique-pratique, par Jean-
Emmanuel GILIBERT. *Lyon*, 1798
(an 6); deux vol. in-8° , avec
656 Figures sur bois, en noir,
ombrées, et une Figure sur cuivre en noir , ombrée. La plupart
des Figures tirées de *Matthiole ,*

quelques-unes de *Camerarius* réduites.

*Systématique orthodoxe , et
Dénominateur nouveau.*

Dans la première partie se
trouve la véritable *Flore du Lyonnois ;* la seconde présente l'énu-
mération des *Plantes de Lithuanie ,* disposées d'après la méthode
mixte de l'Auteur. On y trouve
plusieurs observations sur les
Plantes rares de Lithuanie , et
même sur les Plantes Européennes communes, qu'on cher-
cheroit en vain dans les Ouvrages
des autres Botanistes.

Cet Auteur , qui est du très-
petit nombre des Médecins qui
ont eu le courage de mener de
front l'exercice de leur profes-
sion et les recherches d'Histoire
Naturelle , est le fondateur du
Jardin de Botanique de l'université de Wilna, ce qui a été ré-
cemment reconnu par l'adminis-
tration de cette université qui a
nommé le Dr *Gilibert* professeur
honoraire d'Histoire Naturelle,
en reconnoissance des services
qu'il lui a rendus pendant plusieurs années. Il est aussi fondateur du Jardin de Botanique
de Lyon, qui par ses soins et
ceux de ses Coopérateurs, offre
aujourd'hui plus de 4000 espèces
de Plantes. Sera-t-on donc sur-
pris que ce Savant ait obtenu ,
après trente ans de professorat,
la seule récompense réservée aux
Botanistes? Son nom a été at-
taché en même temps à deux
Genres; l'un constitué par le célèbre *Gmelin* dans son *Systema
Naturæ,* et l'autre par les Auteurs de la Flore du Pérou, *Buiz*

et *Pavon*, professeurs au Jardin Botanique de Madrid.

GLEDIST. *Fung.* D. Joan. Gottlieb GLEDITSCH Methodus Fungorum. *Berolini*, 1753; un volume in-8°, avec six Planches sur cuivre, renfermant 129 Figures en noir, ombrées, bonnes.

Systématique orthodoxe; Descripteur, et Dénominateur nouveau.

Gleditsch directeur du Jardin de Botanique de Berlin, et un des membres les plus laborieux de l'Académie de cette ville, s'est rendu recommandable par quelques Ouvrages et par plusieurs Mémoires. Son système de Botanique devient très-utile pour ceux qui veulent connoître les attributs des étamines et des pistils relativement à leur insertion. Dans son *Traité* sur les Champignons de Brandebourg, *Gleditsch* a cru devoir augmenter le nombre des genres de *Linné* et encore plus celui des espèces. Ses phrases diagnostiques sont claires, et portent sur des attributs véritablement caractéristiques. On trouve dans les Mémoires de l'Académie de Berlin, quelques Essais bien rédigés qui offrent des observations neuves sur ce que nous appelons la *Botanique appliquée*, sur-tout relativement à l'économie rurale et domestique.

* GMEL. *Sibir.* Flora Sibirica *sive* Historia Plantarum Sibiriæ, auctore J. Georgio GMELIN. *Petropoli*, 1768; quatre vol. in-4°, avec 300 Planches sur cuivre, renfermant 423 Figures en noir,

ombrées, bonnes et en partie complètes. Les Planches des trois premiers volumes, format in-fol.; celles du quatrième, in-4.°

Systématique orthodoxe; Inventeur, Descripteur, et Dénominateur nouveau.

Gmelin, dans sa *Flore de Sibérie*, a adopté la disposition méthodique de *Van-Royen*, ou une espèce de méthode naturelle. Quoique ses descriptions ne soient pas tracées d'après les vues et le plan lumineux de *Linné*, cependant ce Livre offre un si grand nombre d'espèces neuves et d'observations intéressantes sur des plantes déjà connues, qu'on peut le regarder comme un des Ouvrages qui ont le plus contribué aux progrès de la science.

GMEL. *Syst. Nat.* Caroli Linnæi Systema Naturæ, per tria Regna Naturæ, secundùm classes, ordines, genera et species, curâ J. Frid. GMELIN (Ed. 14). *Lugduni*, 1796; la partie Botanique, deux vol. in-8°, sans Figures, renfermant 2070 genres et 16389 espèces.

Systématique orthodoxe, et Dénominateur nouveau.

L'Ouvrage de *Gmelin* suppose, pour la rédaction, une si prodigieuse variété de connoissances en Histoire Naturelle, et un travail si opiniâtre, vû la rapidité avec laquelle cet Ouvrage a été exécuté, que l'on doit considérer l'Auteur comme un des plus savans Naturalistes de nos jours. On lui a reproché quelques inexactitudes dans la citation des synonymes et quelques doubles emplois dans la disposition des espèces : erreurs qu'on pouvoit excuser, si on considère l'étendue de son travail, vû l'impossibilité absolue à quelque Naturaliste que ce soit, de coordonner une si effrayante multitude de productions naturelles, sans commettre quelques fautes. Le grand *Linné* avoit déjà annoncé cette vérité dans une lettre écrite à *Haller*. Le reproche que les sectateurs passionnés de *Linné* ont fait à *Gmelin*, d'avoir altéré le système de cet Auteur, en adoptant toutes les vues de *Thunberg*, est peut-être mieux fondé. Mais si on considère l'ensemble de son travail, sur la Zoologie et la Minéralogie, et même son Tableau du Règne Végétal, on ne pourra disconvenir que ce Savant n'ait rendu un service important à la science, en coordonnant cette multitude de nouveaux genres et de nouvelles espèces reconnues depuis *Linné.*

GOUAN *Hort.* Antonii GOUAN Hortus regius Monspeliensis *Lugduni*, 1762; un vol. in-8°, avec 3 Planches sur cuivre, renfermant 4 Figures en noir, ombrées, exactes, et 1014 Plantes *rangées suivant le système de Linné*, dans le nombre desquelles ne sont pas comprises les Variétés.

Ejus. Flor. Monsp. Antonii GOUAN Flora Monspeliaca. *Lugduni*, 1765; un vol. in-8°, avec 3 Planches sur cuivre, renfermant 3 Figures en noir, ombrées, exactes.

Ejusd. Illust. Bot. Antonii GOUAN Illustrationes et Observa-

vationes Botanicæ. *Tiguri*, 1773; un vol. in-folio avec 26 Planches sur cuivre, renfermant 54 Figures en noir, ombrées, bonnes, et 309 Plantes rangées selon le système de *Linné*. (Un des Ouvrages de Botanique le mieux fait du siècle dernier. Descriptions caractéristiques, discussions profondes des synonymes, savans rapprochemens des nouvelles espèces Pyrénéennes avec les espèces connues de *Linné*.)

Ejusd. Herb. Herborisations des environs de Montpellier ou Guide Botanique à l'usage des Élèves de l'École de santé ; Ouvrage destiné à servir de supplément à la *Flora Monspeliaca*, par Antoine GOUAN. A Montpellier, 4.° année; un vol. in-8°, sans Fig. renfermant 501 Plantes.

Systématique orthodoxe; Inventeur, Descripteur, et Dénominateur nouveau.

Ce savant Professeur s'étoit d'abord annoncé par deux bons Ouvrages, l'*Hortus Regius* et la *Flora Monspeliaca*. Dans le premier, il a non-seulement facilité aux Élèves la connoissance des genres par les caractères secondaires qui, comme l'avoit déjà annoncé *Ray*, sont absolument nécessaires pour la coordination des méthodes naturelles, mais encore par la description et l'indication caractéristiques de plusieurs espèces qu'il avoit découvertes en Languedoc, et qui avoient échappées à *Magnol* et à *Sauvages*. On trouve même la description ou le dessin de quelques nouvelles espèces exotiques, comme la *No-*

tana prostrata, L. qu'il avoit ramené au genre des *Atropa*. Dans sa *Flora* disposée rigoureusement suivant la méthode de *Ludwig*, il nous paroit avoir rendu un grand service à la science, en faisant connoître à dessein que toutes les méthodes artificielles suivies avec rigueur, rompent les affinités naturelles les plus prononcées, comme dans les familles des Ombellifères, dans les Caryophyllées, les Polyandres, les Icosandres, etc. Dans cette Flore, il a encore considérablement augmenté le nombre des espèces de nos Provinces Méridionales. Les additions sont encore plus fréquentes dans un Ouvrage publié depuis quelques années, intitulé : *Herborisations des environs de Montpellier*, dans lequel il a confirmé la vérité de l'assertion de *Latourette*, qui prétendoit avec raison que les Cryptogames des Provinces Méridionales étoient beaucoup plus nombreuses qu'on ne l'avoit d'abord pensé.

Mais ce qui rend sur-tout nôtre Professeur recommandable, c'est d'avoir enseigné sans altération, pendant quarante ans, les dogmes inébranlables et lumineux de *Linné*, et d'avoir formé, d'après ses dogmes, plusieurs Botanistes célèbres qui se glorifieront toujours de le reconnoître pour maître.

H.

HALL. *Hist.* Alberti V. HALLER Historia Stirpium indigenarum Helvetiæ. *Bernæ*, 1768 ; trois vol. in-fol. avec 48 Planches sur cuivre, renfermant 116 Figures en noir, ombrées, bonnes et en partie complètes, parmi lesquelles se trouvent toutes les *Orchidées de Suisse*, dessinées de grandeur naturelle, avec les caractères isolés de la fructification de chaque espèce.

Ejusd, *Opusc*. Alberti V. HALLER Opuscula Botanica. *Gottingæ*, 1749 ; un vol. in 8°, avec 5 Planches sur cuivre, renfermant 15 Figures en noir, ombrées, bonnes. Cet Ouvrage offre une monographie précieuse du genre *Allium*, des descriptions, une synonymie complète, et d'excellentes Figures des espèces rares et nouvelles.

Ejusd. ad Scheuhz. Appendix synonyma ad Scheuhzeri gramina. *Bernæ*, 1772 ; un volume in-4.° (Descriptions de plusieurs espèces de Graminées inconnues à *Scheuhzer*, et discussions critiques des genres des Graminées de *Linné*, comparés à ceux de *Haller*.)

Systématique orthodoxe ; Inventeur, Descripteur, et Dénominateur nouveau.

De Haller ne peut être comparé, pour la variété des connoissances et pour la profonde érudition, qu'à *Gesner*. Si on le considère comme Anatomiste et Physiologiste, le nombre de ses découvertes et de ses observations lui assurent une des premières places. Comme Botaniste, on ne sauroit trop admirer ses discussions critiques, comparables à celles de *J. Bauhin*. Ses descriptions, les seules peut-être qui soient caractéristiques, ses phrases qui présentent un diagnostique si facile à saisir, le jugement sain qu'il porte toujours sur la formation des genres, sur le rapprochement des espèces et des variétés, et sur-tout pour l'évaluation des propriétés des Plantes dans la médecine et les arts. Pour se former une idée de l'étendue des connoissances botaniques de *Haller*, il faut avoir présent à l'esprit tous les Ouvrages qu'il a publiés sur cette science. Dans son *Hortus Goettingensis*, dans son *Enumeratio* et dans son *Historia*, il a tracé d'une main hardie le plan d'une méthode naturelle. Dans ses *Itinera Alpina* et dans sa dissertation intitulée *Allium*, de même que dans son *Enumeratio*, on le voit lutter avec avantage pour la synonymie contre les frères *J.* et *G. Bauhin*. La section de son *Historia* qui comprend la famille des *Orchidées*, est un des Ouvrages les plus savans et les mieux faits que nous connoissions, soit pour la discussion des synonymes, soit pour les descriptions, soit pour les caractères minutieux tirés des différentes parties de la fructification.

On ne peut faire à ce grand homme que deux reproches en Botanique. Le premier, c'est celui de n'avoir pas été assez uniforme dans l'emploi des termes techniques, se servant par exemple du mot *Pétiole* pour exprimer les supports de la fleur et de la feuille. Le second, de s'être opiniâtré à récuser les noms triviaux de *Linné*, reconnus de son temps par tous les Botanistes de l'Europe, comme absolument nécessaires pour simplifier et accélérer la correspondance entr'eux. On pourroit encore déplorer l'espèce de jalousie qui a régné pendant plus de vingt ans entre ces deux hommes célèbres, si *de Haller*, dans sa *Bibliotheca Botanica*, n'avoit pas rendu une justice éclatante à *Linné*, et n'avoit pas jugé ses différens Ouvrages avec impartialité.

C'est sur-tout dans ce dernier Ouvrage, (sa *Bibliotheca Botanica*) que *de Haller* a déployé la plus vaste érudition. Il avoit déjà donné une analyse des principaux Ouvrages de Botanique dans son *Methodus studii medici* et au commencement de son *Enumeratio*. Mais dans sa *Bibliothèque Botanique*, il a beaucoup étendu son plan, faisant non-seulement connoître les Ouvrages des Botanistes proprement dits, mais encore ceux des Agronomes et des Médecins qui ont évalué les propriétés des Végétaux. En général, on peut assurer que les jugemens que *de Haller* porte sur chaque Auteur, sont énoncés avec une rare impartialité. Il rend justice à ses ennemis comme à ses amis. On auroit peut-être désiré qu'en énonçant les Plantes découvertes par chaque Auteur, il les eût toujours signalées par les noms Linnéens, ce qui abrégeant beaucoup la diction, lui auroit donné la facilité d'indiquer les espèces que chaque Auteur a le premier fait connoître.

HASSEL. *It.* HASSELQUIST Iter Palestinum. *Holmiæ*, 1757; un

vol.

vol. in-8°, sans Figures. Ouvrage traduit en françois par extrait.

Systématique orthodoxe ; Inventeur, Descripteur, et Dénominateur nouveau.

Hasselquist, un des meilleurs Élèves de *Linné*, fut chargé par ce grand homme de voyager, en nouvel Observateur, dans toutes les contrées que *Tournefort* avoit visitées et devoit parcourir. Les isles de l'Archipel et toute l'Égypte entrèrent dans le plan de ses excursions. Les Mémoires de l'académie de Stockholm et surtout son Itinéraire publié en suédois par *Linné*, et traduit en françois, prouve qu'il n'avoit négligé aucune branche de l'Histoire Naturelle. Les Animaux rares de ces contrées, les Drogues médicinales, tous les Végétaux, avoient successivement fixé son attention, et presque tous lui avoient suggéré des vues nouvelles. Ses descriptions des Plantes et des Animaux rares, sont toutes Linnéennes. Nous lui devons des Notices sur plusieurs Plantes médicinales inconnues avant lui. Aussi *de Haller* a-t-il eu raison, après avoir donné une courte analyse de son *Voyage en Palestine*, d'ajouter : *Egregius liber, et ex quo plurima discas.* *Hasselquist* fut victime de son zèle. Emporté à Smyrne par la phtysie pulmonaire, il a grossi le catalogue des martyrs de la Botanique.

HERM. *Parad.* Pauli HERMANNI Paradisus Batavus. *Lugduni-Batavorum*, 1698; un vol. in-4°, avec 111 Planches sur cuivre, renfermant 114 Figures en noir, ombrées, bonnes et en partie complètes ; et environ 326 Plantes rangées par ordre alphabétique.

Systématique orthodoxe ; Inventeur, Descripteur, et Dénominateur ancien.

Si *Hermann* qui avoit beaucoup voyagé sur-tout en Afrique, avoit publié lui-même toutes les Plantes dont il avoit fait les dessins ou les descriptions, ses Ouvrages seroient peut-être les plus considérables et les plus précieux ; mais nous ne possédons presque de cet Auteur que des Essais qui annoncent une grande exactitude dans les descriptions et une grande vérité dans ses dessins. Comme Méthodiste, il avoit rectifié les plans de recherches de *Morison*, surtout relativement à la nature des fruits. Aussi sa méthode porte-t-elle spécialement sur cette partie de la fructification. Elle a servi en grande partie à celle de *Boerrhaave*, un de ses successeurs dans la chaire Botanique de Leyde. *Hermann* étoit si passionné pour la science, qu'il fit les plus grands efforts pour attirer en Hollande l'immortel *Tournefort*. Si nous le considérons comme Médecin, cherchant à déterminer les propriétés des Plantes, son *Cynosura materiæ medicæ* est le premier Ouvrage où l'on ait distribué les Plantes relativement à leurs vertus, suivant les principes chimiques qui les constituent. Mais à cette époque la chimie n'étoit pas assez avancée pour offrir une semblable distribution.

Tome V.

V.

HILL. *Hort. Kew.* Hortus Kewensis, sistens Herbas exoticas indigenasque rariores etc. auctore Joanne HILL. *Londini*, 1768; un vol. in-8°, avec 20 Planches sur cuivre, renfermant 20 Figures en noir, ombrées, bonnes et incomplètes.

Systématique orthodoxe : Inventeur, Descripteur, et Dénominateur nouveau.

Hill est de tous les Botanistes celui qui a publié le plus grand nombre d'Ouvrages et les plus considérables. Mais les deux principaux n'ont point été achevés, savoir : son *Histoire générale des Végétaux*, et sa *Flora Britannica.* Cet Auteur a dessiné lui-même la plupart des espèces qu'il a publiées. Il s'étoit formé un système mixte, combiné d'après ceux de *Tournefort* et de *Rivin.* Dans son grand Ouvrage publié en anglois, la première Planche de chaque genre offre toutes les parties de la fructification isolées, et deux, trois ou quatre Figures des espèces dans chaque Planche. C'est la collection de Figures la plus nombreuse pour les classes, qu'il a achevée. Le plus souvent cet Auteur a adopté les genres et les espèces de *Linné*, excepté cependant dans les Syngénèses, surtout pour la famille des *Chardons*, dans laquelle il a constitué plusieurs genres particuliers.

Quoique ce grand Ouvrage de *Hill* offre plusieurs défauts, soit dans la rédaction du texte, soit relativement aux Figures ; cependant il faut convenir avec *de Haller* que cette collection est précieuse, et qu'une multitude de ses Figures représentent avec vérité les espèces qu'il a énoncées. On peut citer en preuve les *Gentianes.* Sa *Flora Britannica* doit être regardée comme un extrait de son grand Ouvrage anglois : ce sont les mêmes Figures réduites, et les mêmes descriptions écrites en latin.

HOFFM. *Salic.* Historia Salicum Iconibus illustrata, à Georgio-Francisco HOFFMANN, fasciculi IV. *Lipsia*, 1787 ; un vol. in-folio, avec 30 Planches sur cuivre, renfermant 64 Figures en noir ou enluminées, bonnes et complètes.

Inventeur ; Descripteur, et Dénominateur nouveau ;

Cet Ouvrage d'*Hoffmann* et ses recherches sur les *Lichens*, lui ont mérité la place de professeur de Botanique dans l'université de Gottingue. Sa monographie sur les *Saules* avoit été desirée par *Linné*, qui dans une lettre avoit engagé notre célèbre *Gouan* à s'en occuper. Ce Botaniste en avoit effectivement recueilli tous les matériaux ; *Linné* et *de Haller* avoient senti et annoncé la difficulté qu'offroient les espèces et les variétés des *Saules* pour une détermination rigoureuse. Ces difficultés proviennent sur-tout de la différente grandeur et des différentes formes qu'affectent les feuilles dans les individus mâles et femelles et suivant leurs différens âges. Les chatons mâles et femelles diffèrent aussi considérablement, suivant le temps de leur développement. Aussi le travail d'*Hoffmann* est-il précieux en ce qu'il a décrit et dessiné toutes les espèces qu'il a publiées, et leurs parties, suivant les différentes époques de leur développement.

Comme Cryptogamiste, nous devons à ce savant Botaniste plusieurs espèces neuves de *Lichens* et des Figures admirables d'une foule d'espèces déjà connues. Sur-tout il a déterminé, par une suite d'expériences très-précieuses, les propriétés de ces substances, auparavant si négligées, pour la teinture. Son mémoire *de Usu Lichenum* remporta le prix à l'académie de Lyon, et cette Compagnie crut devoir le publier avec une Analyse en françois, rédigée par son directeur le professeur *Gilibert*.

J.

* JACQ. *Aust.* Nicolaï-Josephi JACQUIN Flora Austriaca. *Vindobonæ*, 1771; cinq vol. in-folio, avec 500 Planches sur cuivre, renfermant 500 Figures enluminées, bonnes; et autant de Plantes décrites sans ordre.

* *Ejusd.* Hort. Nicolaï-Joseph JACQUIN Hortus Vindobonensis; quatre vol. in-folio, avec 400 Planches sur cuivre, renfermant 400 Figures enluminées, bonnes et complètes; et 460 Plantes décrites sans ordre.

* *Ejusd.* Obs. Nicolaï-Joseph JACQUIN Observationum Botanicarum, Iconibus ab Auctore delineatis, illustratarum, partes IV. *Vindobonæ*, 1764; un volume in-folio avec 100 Planches sur cuivre, renfermant 117 Figures

en noir, ombrées, bonnes et en partie complètes.

* *Ejusd.* Misc. Nicolaï-Josephi JACQUIN Miscellanea Austriaca, ad Botanicam, Chimiam, et Historiam Naturalem spectantia. *Vindobonæ*, 1778; deux vol. in 4°, avec 43 Planches sur cuivre, renfermant 160 Figures colorides, bonnes, et en partie complètes.

Ejusd. Amer. Nicolaï-Josephi JACQUIN selectarum Stirpium Americanarum Historia; un vol. in-folio, avec 183 Planches sur cuivre, renfermant 215 Figures en noir, ombrées, exactes, mais mal gravées.

Systématique ortodoxe; Inventeur, Descripteur, et Dénominateur nouveau.

Le célèbre *Jacquin* s'étoit déjà fait connoître, étant très-jeune, par des Ouvrages considérables qui annonçoient un Botaniste très-exercé. Ayant été envoyé par l'Empereur en Amérique, il publia à son retour, non-seulement la description très-exacte des nouvelles Plantes qu'il avoit signalées, mais encore leurs Figures dessinées par lui, mais assez mal exécutées par les Graveurs qu'il avoit été obligé d'employer. Sa *Flora Vindobonensis* et ses *Observationes Botanicæ*, qui offrent plusieurs espèces neuves exotiques et un grand nombre d'indigènes observées sur les Alpes de Vienne, soit en Hongrie, présentent la même vérité dans les dessins et la même exactitude pour les descriptions. Mais ces Ouvrages ne doivent être regardés aujourd'hui que comme les préludes de recherches plus importantes. En effet, dès 1770 il entreprit de publier, par centuries, toutes les Plantes rares cultivées dans les jardins de Vienne, sous le titre d'*Hortus Vindobonensis*; et celles de la Flore d'Autriche, sous le titre de *Flora Austriaca*. Ces deux Ouvrages qui offrent neuf centuries, sont sans contredit un des plus grands monumens que nous connoissions en Botanique, soit pour l'exactitude du dessin, soit pour la teinte des couleurs, soit enfin pour la vérité et la précision des descriptions. Nous devons encore à cet infatigable Naturaliste plusieurs Opuscules Botaniques rédigés d'après son *Hortus* et sa *Flora*, et un Ouvrage aussi considérable, plus magnifique encore, des Plantes rares qui ont été cultivées dans le Jardin Impérial de Schœnbrunn. Enfin une 2ᵉ édition de ses *Plantæ Americanæ* exécutée d'après ses dessins primitifs, dont les figures sont coloriées avec la plus grande exactitude.

*JONST. *Plant.* Joannis Jonstoni Historiæ Naturalis de Arboribus et Plantis libri decem. *Francofurti ad Mœnum*, 1768, deux vol. in-folio, avec 137 Planches sur cuivre, renfermant environ 1200 Figures en noir, ombrées, mauvaises, médiocres et bonnes.

Collecteur et Descripteur.

Jonston, Écrivain correct, convaincu qu'il étoit difficile de se former des idées nettes des productions de la Nature, telles que les avoient présentées *Gesner*, *Aldrovande*, etc., se proposa d'extraire de ces vastes collections, la nomenclature, les descriptions et les propriétés de chaque substance indiquée. On peut lui reprocher de n'avoir pas été guidé par le doute philosophique en faisant ses extraits, présentant du même ton d'assertion les faits réels et les fables consignées dans les Auteurs.

Les Ouvrages de *Jonston*, recherchés pour la beauté des gravures qui sont toutes en taille-douce, offriroient un cours complet d'Histoire Naturelle telle qu'elle étoit connue vers la fin du 16ᵉ siècle, si le Règne végétal étoit complet; mais il n'a publié que la Dendrologie ou l'Histoire naturelle des Arbres et Arbustes, en dix livres. Cette compilation assez bien faite pour le temps de sa rédaction, peut servir de supplément à l'Histoire des Plantes de *Morison*. Les Figures calquées sur celles des Inventeurs, sont assez bien gravées, quoique pour la plupart réduites d'après le module adopté par *J. Bauhin*, qui lui-même avoit copié celles de ses prédécesseurs.

JUSS. *Gen.* Antonii Laurentii de Jussieu Genera Plantarum secundùm Ordines naturales disposita, etc. *Parisiis*, 1789; un vol. in-8, sans Figures, renfermant 1754 Genres.

Systématique orthodoxe; Descripteur, et Dénominateur nouveau.

Linné, dans ses Préleçons sur les Ordres naturels, déclaroit à ses Disciples que de tous les Botanistes qui avoient travaillé à la formation des Ordres naturels, *Bernard de Jussieu* son ami étoit le seul qui avoit eu des vues profondes sur la coordination des végétaux ; cependant il ne pouvoit juger des recherches de *Bernard de Jussieu* sur ce sujet, que par sa correspondance littéraire et par quelques Essais publiés par les Disciples de *Jussieu*, tels que *Gérard*, *Adanson*, etc. S'il avoit connu le développement de la Méthode de *Jussieu*, telle qu'elle a été proposée par le neveu de *Bernard* dans l'Ouvrage intitulé *Genera Plantarum*, il auroit pu reconnoître qu'on peut grouper le très-grand nombre des végétaux connus, même en liant tous les groupes par la considération de quelques attributs des parties de la fructification. L'Ouvrage de *Laurent de Jussieu* est non-seulement recommandable par le nouveau plan d'une méthode naturelle qu'il présente, mais encore par une multitude d'observations absolument neuves, rédigées avec précision, modestie et élégance. Plusieurs genres nouveaux y sont caractérisés d'après les principes de la plus sévère logique botanique. Quelques genres Linnéens sont divisés en plusieurs d'après des attributs saillans. Une foule de plantes exotiques sont rectifiées d'après des observations faites sur les espèces vivantes. La méthode adoptée par l'Auteur, est très-précieuse pour des Botanistes déjà exercés. Nous dirons même que ceux qui veulent saisir les véritables rapprochemens des végétaux entr'eux, devroient disposer leurs herbiers

d'après cette méthode. Mais pour la pratique, c'est-à-dire pour déterminer les espèces et les genres, la plupart des Botanistes pensent avec *Linné* que les Méthodes artificielles offrent plus de facilité aux Élèves, sur-tout si d'après le conseil de *Linné* ils s'accoutument de bonne heure à en faire l'application suivant le plus ou moins de difficultés qu'offrent certains genres : car il est de fait que plusieurs genres peuvent être promptement déterminés plutôt par une méthode que par une autre. En effet, lorsque les étamines et les pistils sont à peine visibles, les Élèves doivent avoir recours aux méthodes tracées d'après le calice, la corolle ou le fruit.

K.

KNORR *Icon. Pl. Med.* Icones Plantarum medicinalium, centuriæ VI, auctore KNORR. *Nurimbergæ*, 1779-1785; six vol. in-8°, avec 600 Planches sur cuivre, renfermant 600 Figures en noir, ombrées ou enluminées, bonnes et complètes; et 600 Plantes disposées sans ordre ou système.

Collecteur.

Cette collection est très-précieuse pour les Élèves en Médecine, qui pour un prix assez modique, peuvent se procurer la suite complète des Plantes médicinales, signalées par des caractères précis, d'après le plan et le système de *Linné*, et qui, quoique gravées d'une manière un peu dure, présentent non-seulement l'ensemble de chaque espèce, mais encore des détails très-précieux sur les parties de la fructification, conformes aux descriptions génériques de *Linné*.

* KOEMPF. *Amœn.* Amœnitatum exoticarum politico-physico-medicarum, fasciculi V; auctore Engelberto *Kœmpfero*. *Lemgoviæ*, 1712; un vol. in-4°, avec 32 Planches sur cuivre, renfermant 64 Figures en noir, ombrées, médiocres.

Inventeur et Descripteur.

Si *Kœmpfer* a peu contribué à enrichir la Botanique, on doit cependant le regarder comme un des meilleurs observateurs, relativement aux mœurs, aux usages et aux productions naturelles utiles des pays qu'il a parcourus.

L.

LAM. *Tab. encyclop.* Tableau encyclopédique et méthodique des trois Règnes de la Nature, partie botanique, par LAMARCK. *Paris*, 1800 (an 8); neuf vol. in-4°, avec 900 Planches sur cuivre, renfermant environ 1691 Figures en noir, ombrées, rangées d'après le système sexuel : la partie des Figures, achevée; celle des descriptions, incomplète.

Ouvrage excellent dont aucun Botaniste ne peut se passer, renfermant plusieurs Figures caractéristiques d'après nature, le plus grand nombre calquées sur celles de ses prédécesseurs *Tournefort*, *Plumier*, *Dillen*, *Micheli*, *Gœrtner*, etc.

Systématique orthodoxe; Inventeur, Descripteur, et Dénominateur nouveau.

Nous devons à cet infatigable Botaniste une grande partie des descriptions des plantes renfermées dans le Dictionnaire botanique de l'Encyclopédie méthodique. Nous lui devons encore l'Ouvrage intitulé la *Flore Française*, dans lequel il a tracé une méthode analytique très-ingénieuse et très-simple. Cet Ouvrage a été travaillé avec soin. Il est rare de trouver l'Auteur en défaut pour la synonym¹. Ses descriptions rédigées d'après le plan et les vues de *Haller*, sont vraiment caractéristiques, n'offrant que les attributs qui peuvent conduire au diagnostique certain de la plante. Il n'a point imité nos Botanistes très-modernes qui ont élevé à la dignité d'espèces, une multitude de variétés. Plus sévère encore que *Linné*, il a ramené à des espèces fondamentales plusieurs espèces que ce prince des Botanistes regardoit comme telles. Quoique cette Flore ne soit pas complète dans l'état actuel de la science en France, elle sera toujours regardée comme un des meilleurs Ouvrages publiés dans le dix-huitième siècle.

LATOURR. *Chlor.* Chloris Lugdunensis, auctore C. FLEURIEU DE LA TOURRETTE. *Lugduni*, 1785; un vol. in-8°, sans Figures, renfermant 2573 Plantes, rangées d'après le Système de *Linné*.

Ejusd. Bot. Pil. Voyage au Mont-Pilat dans la province du Lyonnois. *Avignon*, 1770; un vol. in-8°, sans figures, renfermant 510 plantes, rangées d'après le Système de *Linné*.

Systématique orthodoxe.

Quoique *Goiffon* ami de *Tournefort*, eût déjà signalé plus de 1700 espèces de plantes soit autour de la ville de Lyon, soit sur les montagnes sous-Alpines qui entourent cette ville, cependant les Botanistes Lyonnois doivent regarder *la Tourrette* comme le véritable restaurateur de la Botanique dans le Département du Rhône. (Les manuscrits de *Goiffon* n'ayant point été publiés, nous les avons vérifiés de même qu'une partie de ses herbiers dans la bibliothèque du D* *Gilibert*). En séparant les plantes exotiques de sa *Chloris* et en examinant avec soin le manuscrit de cet Ouvrage qu'il a légué au D* *Gilibert*, nous trouvons que ce Savant a laissé dans ses herbiers près de 1800 espèces de plantes véritablement Lyonnoises, dont la détermination est d'autant plus sûre que nous nous sommes assurés, en parcourant son herbier, que toutes les espèces difficiles ont passé sous les yeux de *Linné*, de *Gouan*, de *Bernard de Jussieu* et de *Haller*.

Dans son *Botanicon Pilatense*, on trouve d'excellentes annotations sur nos plantes sous-Alpines les plus rares, et même quelques-unes sur les plantes de nos plaines, qu'il a le premier découvert en France, comme sur l'*Alisma parnassifolia*, L. Si ce dernier Ouvrage offre quelques fautes de détermination, telle que sa fameuse *Valeriana Pyrenaïca*, qui est la *Valeriana elongata* de *Jacquin*, et non la *V. Pyrenaïca* de *Tournefort* et

de *Linné*, nous avons trouvé dans un exemplaire qu'il a légué au D* *Gilibert*, un nombre considérable d'additions et de corrections, dans lesquelles il a rectifié toutes les erreurs qui lui étoient échappées dans la première rédaction de cet Ouvrage. Nous pouvons même assurer qu'une seule des espèces qu'il annonce comme Lyonnoise, savoir la *Lysimachia thyrsiflora*, L. a été mal déterminée. Ce n'est qu'une variété de la *Lysimachia vulgaris*, L. qui même comparée avec cette plante, n'en offre aucun des caractères.

LEERS *Herb.* Joannis-Daniel. LEERS Flora Herbornensis, etc. *Herbornæ Nassoviorum*, 1775; un vol. in-8°, avec 16 Planches sur cuivre format in-4°, renfermant 104 Figures en noir, ombrées, bonnes et complètes.

Systématique orthodoxe; Inventeur, Descripteur, et Déterminateur nouveau.

Ce petit Ouvrage de *Leers* offre une multitude d'observations neuves. Son travail sur les *Graminées*, relativement aux descriptions et aux Figures, ne sauroit être trop recommandé. Depuis *Scheuchzer*, nous n'avions sur cette partie difficile de la botanique aucun Ouvrage qui, pour les Figures vraiment caractéristiques pût fixer l'attention des Botanistes. Celles de *Leers* qui offrent les plus grands détails des parties de la fructification grossies à la loupe, ont toutes été dessinées et gravées par l'Auteur d'après des individus vivans.

V 4

LINDERN *Hort. Alsat.* Hortus Alsaticus Plantas in Alsaciâ nobili, imprimis circa Argentinam spontè provenientes, designans, etc. à Franco Balthasare Von LINDERN. *Argentorati*, 1747 : un vol. in-12, avec 12 Planches sur cuivre, renfermant 12 Figures en noir, ombrées, médiocres et bonnes ; et 1196 Plantes rangées par ordre alphabétique selon les mois de la floraison.

Inventeur, Descripteur, et Dénominateur ancien.

Les deux Ouvrages de cet Auteur, son *Hortus* et son *Tournefortius Alsaticus* annoncent un Observateur exercé. Mais quoique inventeur de quelques espèces dont une a constitué un genre qui porte son nom, cependant ses descriptions sont incomplètes et rarement caractéristiques. Ses Figures assez bien dessinées pour faire reconnoître la plante, ont été très-mal gravées, étant surchargées d'ombres.

Flor. Lapp. Caroli LINNÆI Flora Lapponica, exhibens plantas per Lapponiam crescentes. *Amstelodami*, 1737 ; un vol. in-8, avec 12 Planches sur cuivre, renfermant 64 Figures en noir, ombrées, bonnes ; et 534 Plantes rangées selon le Système sexuel.

Ejusd. Hort. Cliff. Hortus Cliffortianus, exhibens Plantas quas in hortis tam vivis quàm siccis, Hartecampi in Hollandiâ, coluit vir nobilissimus et generosissimus Georgius *Cliffort*, auctore Carolo LINNÆO. *Amstelodami*, 1737 ; un vol. in-folio, avec 36 Planches sur cuivre, renfermant 37 Figures en noir,

ombrées, bonnes et complètes, et environ 2500 Plantes rangées selon le Système sexuel. Les deux premières Planches représentent 87 Figures de feuilles.

Ejusd. Flor. Suec. Caroli LINNÆI Flora Suecica, exhibens Plantas per regnum Sueciæ crescentes. *Stockholmiæ*, 1745 ; un vol. in-8°, avec une Planche sur cuivre, renfermant une Figure en noir, ombrée, bonne, et 1140 Plantes rangées selon le Système sexuel.

Ejusd. Flor. Zeyl. Caroli LINNÆI Flora Zeylanica, sistens Plantas Indicas Zeylanæ insulæ. *Holmiæ*, 1747 : un vol. in-8°, avec trois Planches sur cuivre, renfermant 4 Figures en noir, ombrées, complètes ; et 1052 Plantes rangées selon le Système sexuel.

Ejusd. Hort. Ups. Caroli LINNÆI Hortus Upsaliensis, exhibens Plantas exoticas, Horto Upsaliensis Academiæ à sese illatas, ab anno 1742 in annum 1748. *Stockholmiæ*, 1748 ; un vol. in-8°, avec 4 Planches sur cuivre, renfermant 4 Figures en noir, ombrées, bonnes et complètes ; et 657 Plantes, rangées en très-grande partie selon le Système sexuel.

Ejusd. Spec. Plant. Caroli LINNÆI Species Plantarum. *Holmiæ*, 1762 et 1763 ; deux vol. in-8°, sans Figures, renfermant 7653 Plantes, rangées selon le Système sexuel.

Ejusd. Mat. Med. Caroli LINNÆI Materia medica, editio quinta, curante D. J. Christ. Dan. *Schrebero. Lipsiæ et Erlangæ*, 1787 ; un vol. in-8°, sans Figures, renfermant 672 Plantes, rangées selon le Système sexuel.

Ejusd. Amœn. Acad. Caroli LINN.EI Amœnitates Academicæ, *seu* Dissertationes variæ, physicæ, medicæ, botanicæ, editio tertia, curante J. C. Dan. *Schrebero. Erlangæ,* 1787; dix vol. in-8°, avec 31 Planches sur cuivre, renfermant 266 Figures, bonnes et complètes.

Ejusd. Ord. Nat. Caroli LINNÆI Prælectiones in Ordines naturales Plantarum, quas edidit Paulus Diet GISEKE. *Hamburgi,* 1792; un vol. in-8°, avec quatre Planches sur cuivre, renfermant 40 Figures en noir, ombrées.

Systématique orthodoxe; Inventeur, Descripteur, et Dénominateur nouveau.

Ceux qui ayant étudié les différens Ouvrages de *Linné*, ne seront pas pénétrés de respect et d'enthousiasme pour ce grand homme, ne parviendront jamais à connoître les vrais fondemens d'une science dont cet immortel Botaniste a été le restaurateur.

LIN. *Fil. Suppl.* Supplementum Plantarum Systematis Vegetabilium editionis XV, Generum Plantarum, editionis VI, et Specierum Plantarum editionis II, editum à Carolo LINNÆO Filio. *Brunsvigæ,* 1781; un vol. in-8°, sans Figures, renfermant 93 Genres, et 519 Espèces, rangées selon le Système sexuel.

Systématique orthodoxe; Inventeur, Descripteur, et Dénominateur nouveau.

Linné fils succéda presque à toutes les places de son père.

Il s'étoit proposé de donner de nouvelles éditions de tous ses Ouvrages; et en attendant l'exécution de ce plan, il publia son *Supplementum*, Ouvrage qui fut accueilli avec empressement par tous les Botanistes, comme présentant une multitude de nouveaux genres et les caractères d'une foule d'espèces constituées par son père depuis la publication de ses *Mantissa*. On distingue facilement dans cet Ouvrage les articles rédigés par *Linné* le père et par *Linné* le fils. Les Décades de ce dernier qui l'avoient annoncé au monde savant comme Botaniste, offrent des modèles parfaits pour les descriptions des nouvelles espèces. Tous les manuscrits des *Linné* père et fils, et leurs immenses collections en Histoire naturelle, furent achetés un an après la mort de ce dernier, par le savant *Smith*, et ces trésors n'ont point été enfouis, l'acquéreur ayant regardé comme un devoir sacré, de lever tous les doutes que les Botanistes pouvoient avoir, en confrontant les échantillons des espèces Linnéennes avec ceux de *Linné*.

LOB. *Icon.* LOBELII Icones Stirpium seu Plantarum, tàm exoticarum quàm indigenarum. *Antuerpiæ,* 1591; deux vol. in-4° oblong, avec 2186 Figures sur bois, en noir, ombrées, mauvaises, médiocres et bonnes.

Inventeur, Collecteur, Descripteur, et Dénominateur ancien.

Lobel a été un des plus laborieux collecteurs du 16° siècle.

Il s'étoit d'abord annoncé dans sa jeunesse par un Ouvrage très-intéressant, ayant pour titre: *Il-lustrationes Plantarum*, dont il avoit ramassé les matériaux avec son ami *Pena*. On peut lui reprocher avec raison de n'avoir pas rendu justice dans la suite à ce collaborateur. En général les Figures des *Illustrationes* sont la plupart trop réduites, et comme telles mauvaises; mais elles deviennent précieuses pour l'histoire de l'art, offrant des espèces absolument neuves. Dans la suite, *Lobel* profitant des vues de *l'Écluse* et de *Dodoens*, a publié de meilleures Figures; mais comme son Imprimeur étoit celui de ces deux Auteurs, il n'hésita pas de s'approprier la plupart des Figures qui avoient été gravées sous leur direction. Si l'on veut donc reconnoître celles qui lui appartiennent, il faut, comme nous l'avons fait, confronter toutes ses Figures avec celles de *Dodoens* et de *l'Écluse*. En général, le style de *Lobel* est dur et incorrect; ses descriptions peu détaillées, et laissant souvent à desirer les attributs caractéristiques, ne peuvent être comparées à celles de *l'Écluse* et de *J. Bauhin*. *Rai* lui a reproché avec raison de s'être trop fié à sa mémoire dans un âge très-avancé, pour la station des Plantes, sur-tout pour celles d'Angleterre.

LOES. *Prus.* Flora Prussica, *sive* Plantæ in regno Prussiæ sponte nascentes. à Joanne LOESELIO primùm collectæ. *Régiomonti*. 1703; un vol. in-4°, avec 83 Planches sur cuivre,

renfermant 85 Figures en noir, ombrées, médiocres et bonnes; et 76 Plantes rangées par ordre alphabétique.

Inventeur, *Descripteur*, et *Dénominateur ancien*.

Nous devons à cet Auteur, plusieurs Espèces neuves observées dans les plaines du Nord de l'Europe. La *Synonymie* de son Ouvrage est très-exacte et assez complète, indiquant non-seulement les noms des Auteurs, mais encore la page de leurs Ouvrages; méthode que *G. Bauhin* auroit dû adopter dans son *Pinax*. *Loësel* est peut-être le premier Botaniste qui ait étudié avec soin les Cryptogames, savoir les *Mousses* et les *Champignons* qui croissent aux environs de Konigsberg. Il ne faut cependant pas croire que toutes les Espèces qu'il annonce comme neuves, le soient réellement. Quelques-unes avoient été indiquées et décrites par *G. Bauhin*, d'autres ne sont que des variétés, telle que sa *Valériana*, n.° 84, qui n'est qu'une variété du *Valeriana dioïca* de *Linné*. En général les descriptions de cet Auteur nous ont paru incomplètes.

LUDW. *Gen.* Christiani Gottlieb LUDWIG Definitiones Generum Plantarum, *Lipsiæ*, 1760; un vol. in-8°, sans Figures, renfermant 1288 Genres, disposés selon le Système de l'Auteur sur la régularité et l'irrégularité de la corolle, et sur le nombre des pétales.

Systématique orthodoxe; Descripteur et Dénominateur nouveau.

Ludwig nous offre le rare exemple d'un Médecin qui a eu assez de courage pour cultiver non-seulement les parties essentielles de l'art de guérir, mais encore toutes les parties accessoires. La totalité de ses Ouvrages, publiés par lui ou par ses Disciples, nous présente une espèce d'Encyclopédie médicinale. Considéré comme Naturaliste, il a joui d'une très-grande réputation. Ses Ouvrages de botanique le placent parmi les meilleurs Observateurs. Sa philosophie botanique, publiée sous le titre d'*Institutiones Regni vegetabilis*, est un des Ouvrages les plus sages, et la partie physiologique bien rédigée, offre plusieurs observations neuves.

Dans son *Genera*, *Ludwig* a combiné la Méthode de *Rivin* réformée avec celle de *Linné*. Comme *Rivin*, il a constitué ses classes d'après la présence ou l'absence de la corolle, d'après les fleurs considérées comme simples ou composées, comme monopétales ou polypétales régulières ou irrégulières. Ses ordres sont établis sur la considération des étamines et des pistils ; ses sous-ordres sur celle des attributs des ovaires et des fruits. Ce plan rend le système de *Ludwig* d'autant plus facile pour déterminer les Plantes, qu'il a évité, en le coordonnant, presque toutes les difficultés que présente le système de *Linné*.

Un Élève, en cherchant à déterminer une plante d'après ce système, a la satisfaction de vérifier successivement toutes les parties de la fructification ; et

ce qui lui facilite encore ses recherches, c'est que *Ludwig* ajoute souvent à ses caractères génériques déduits des parties de la fructification, des caractères secondaires puisés dans l'ensemble des autres parties de la plante. Tous les avantages qu'offre le système de *Ludwig*, sont bien sensibles d'après l'expérience de plusieurs Professeurs, qui se sont assurés que leurs Élèves faisoient beaucoup plus de progrès, en déterminant les plantes d'après ce système mixte, que d'après ceux des autres Auteurs. Le *Genera* de *Ludwig* présente encore un avantage ; c'est un véritable *Pinax* pour tous les Genres constitués avant lui par les différens Auteurs.

Ludwig n'est pas seulement recommandable comme Botaniste par les deux Ouvrages que nous venons d'indiquer, on lui doit plusieurs Dissertations de Botanique, qui établissent ou des dogmes nouveaux, ou qui offrent des observations neuves. Ayant dans sa jeunesse voyagé en Afrique, et ayant rapporté de ce voyage une quantité considérable de graines et de fruits des plantes exotiques, il fut frappé, en confrontant les individus du jardin de Leipzig avec ceux qu'il avoit cueillis sur leur lieu natal, de voir combien la plupart des espèces avoient dégénéré par l'influence de la culture et du climat, non-seulement relativement à la grandeur, mais encore par rapport aux attributs mécaniques de chaque espèce ; d'où il conclut avec raison que les espèces de plantes étrangères dessinées et décrites d'après les individus cultivés dans les jardins d'Europe, sont presque toutes très-différentes des mêmes espèces cueillies dans leur lieu natal.

Aussi *Ludwig* pensoit-il qu'un grand nombre même des espèces Linnéennes n'étoient point réelles, mais plutôt le résultat de l'influence du climat et du sol. Cette espèce de paradoxe se change en une vérité démontrée aux yeux des Botanistes qui ont comparé avec soin nos plantes Alpines, avec les mêmes espèces que l'on observe dans les plaines du Nord. Aussi un Ouvrage à refaire d'après les idées de *Ludwig*, consignées dans sa Dissertation *de minuendis Speciebus Plantarum*, seroit une vérification rigoureuse de toutes les prétendues nouvelles espèces publiées depuis la mort de *Linné*.

Nous devons encore à *Ludwig* des analyses bien faites de tous les Ouvrages d'Histoire naturelle et de Botanique publiés depuis 1750 jusqu'à sa mort, analyses qui annoncent toutes des connoissances profondes dans les différentes parties d'Histoire naturelle, et ce qui est rare dans les Journalistes, une impartialité et une justesse de jugement qu'on ne sauroit trop estimer. Ces analyses sont consignées dans les *Commentarii de rebus gestis in Medicina et in Historiâ naturali*.

M.

MAGNOL. *Bot.* Botanicum Monspeliense, *sive* Plantarum circa Monspelium nascentium, Index. *Monspelii*, 1686; un vol.

in-12, avec 23 Figures sur cuivre, en noir, ombrées, médiocres; et 1371 Plantes rangées par ordre alphabétique.

Ejusd. Hort. Hortus Regius Monspeliensis, *sive* Catalogus Plantarum quæ in Horto Regio Monspeliensi demonstrantur, à Petro MAGNOL. *Monspelii*, 1697; un vol. in-8°, avec 21 Figures sur cuivre, en noir, ombrées, médiocres; et 2654 Plantes rangées par ordre alphabétique.

Systématique orthodoxe; Inventeur, Descripteur et Dénominateur ancien.

Quoique *Magnol* ait fait ses recherches dans un pays qui paroissoit épuisé par *Pena*, *Lobel*, *Dalechamp*, les *Bauhin*, *Richier de Belleval*, cependant son *Botanicum Monspeliense* nous prouve qu'après des Botanistes passionnés, chaque canton peut offrir de nouvelles richesses à leurs successeurs. En effet, *Magnol* a indiqué plusieurs centuries de Plantes qu'il a le premier reconnues dans nos Départemens méridionaux; quelques-unes même sont neuves. Il a donné des notices assez exactes et des Figures si non bien gravées, du moins dessinées de manière à les faire reconnoître.

MAPP. *Alsat.* Marci MAPPI Historia Plantarum Alsaticarum. *Argentorati* et *Amstelodami*, 1742; un vol. in-4°, avec 7 Planches sur cuivre, renfermant 13 Figures en noir, ombrées, bonnes; et 1689 Plantes rangées par ordre alphabétique.

Inventeur, Descripteur, et Dénominateur ancien.

Mappi a beaucoup augmenté le nombre des Plantes d'Alsace, après *Lindern* ; mais son Ouvrage qui présente quelques Figures assez bonnes, n'annonce ni un Observateur exact ni un Botaniste nourri de principes lumineux.

MATTH. *Oper.* Petri Andreæ MATTHIOLI Opera. *Basileæ*, 1574, édition de *G. Bauhin* ; un vol. in-folio, avec 1272 Figures sur boi , ombrées, médiocres et bonnes.

Inventeur, Collecteur, et Descripteur.

Matthiole, quoique très-savant et en état de rédiger un Ouvrage avec élégance et netteté, n'étoit pas assez exercé dans la pratique de la Botanique, pour prendre place parmi les fondateurs de l'art, doués d'un certain génie, comme *l'Ecluse*, *Columna*, les *Bauhin*, etc. Cependant la science lui a de vraies obligations. En ne le considérant que comme Collecteur, il paroît d'après un examen sévère du texte de son Ouvrage et de ses Figures, 1.º que ses descriptions sont rédigées sans plan et sans les détails nécessaires pour le diagnostique de la Plante ; 2.º qu'il faisoit dessiner les Plantes telles que les Herboristes les lui apportoient, sans s'embarrasser si les échantillons étoient complets ; 3.º Que souvent il faisoit dessiner le fruit en même temps que la fleur, et *vice versd* ; 4.º que quelquefois même il ne donne que la racine et les feuilles radicales, comme pour la *Gynoglosse officinale* et l'*Onosma echioïdes*.

Quelquefois il présente des monstruosités singulières qui ont dérouté les plus habiles Botanistes, comme lorsqu'il a fait graver l'enveloppe du *Phallus impudicus* qui, se déchirant par le sommet, reçoit quelques graines de Plante apportées par le vent, qui y ont germé et développé leurs feuilles radicales ; cette Figure a long-temps désespéré les plus savans Botanistes, jusqu'à ce qu'un semblable individu a été trouvé au Mont-Pilat par notre ami *Sionet*.

On a fait à *Matthiole* un reproche plus grave et mieux fondé, qui est d'avoir fait dessiner un certain nombre de Plantes d'imagination, ou plutôt d'après les descriptions de *Dioscoride*. On en trouve en effet quelques-unes dans les premières éditions de son Ouvrage, et même dans la dernière ; mais ce reproche a été trop exagéré par ses ennemis. En effet, quelques-uns de ses dessins que l'on avoit regardé comme tracés d'imagination, ont été démontrés par les Botanistes modernes comme exprimant des espèces existantes réellement dans le plan de la Nature. L'*Hyoscyamus Scopolia*, L. et l'*Astrantia epipactis*, L. en fournissent la preuve.

Nous avons désigné *Matthiole* comme Inventeur, parce que, quoiqu'il ait calqué plusieurs de ses Figures sur celles de ses prédécesseurs *Brunsfeld* et *Fuchs*, cependant nous lui en devons plusieurs centuries qu'il a fait dessiner d'après nature et dont plusieurs sont excellentes, si nous les examinons relativement au port de la plante et à l'ensemble de la floraison. Un autre mérite de ses Figures c'est d'avoir le premier fait dessiner des jets des grands arbres qui représentent très-bien les parties caractéristiques, tandis que ses prédécesseurs les représentoient en entier, ce qui ne laissoit aucune idée distincte de l'espèce.

Parmi les innombrables éditions de *Matthiole*, on distingue sur-tout celle des *Valgrise*, à grandes et petites Figures, à texte latin ou italien; mais nous avons préféré dans notre Ouvrage de citer l'édition de *G. Bauhin*, dont les Figures sont aussi exactes, qui est enrichie d'une synonymie précieuse, outre qu'elle offre près de 300 Figures que l'on ne trouve point dans les dernières éditions de *Matthiole*, et dans laquelle *G. Bauhin* a fait entrer une partie des Figures qu'il a publiées dans son *Prodromus*.

MÉM. de l'Acad. Histoire de l'Académie royale des Sciences, depuis son établissement en 1666 jusqu'en 1777. *Paris*, 1738; quatre-vingt-seize volum. in-4.° avec ..... Planches sur cuivre, renfermant ..... Figures en noir, ombrées, bonnes. Collection peu abondante en Mémoires relatifs à la Botanique, cependant précieuse par les monographies de *Tournefort*, des *Jussieu*, *Isnard*, *Vaillant*, *Nissole*, *Duhamel*, *Marchand*, *Guettard*.

* MENTZ. *Pugil.* Chris. MENTZELII, Pugillus rariorum Plantarum. *Berolini*, 1682; un vol. in-folio avec 11 Planches sur cuivre, renfermant 47 Figures en noir, ombrées, médiocres et bonnes.

Inventeur, Descripteur, et Dénominateur ancien.

Cet Auteur a coordonné d'une manière assez confuse le *Pinax* de *G. Bauhin*, en forme de Dictionnaire de Botanique. Mais ce qui rend son Ouvrage véritablement précieux, c'est son Appendix intitulé : *Pugillus rariorum Plantarum*, qui présente plusieurs espèces de Plantes Alpines, et sur-tout les Plantes les plus rares de la partie septentrionale de l'Allemagne. Ses Figures, quoique incomplètes, sont conformes aux échantillons de nos herbiers. Mais ses descriptions très-peu détaillées, ne peuvent être regardées que comme des esquisses.

MICHEL. *Gen.* Nova Plantarum Genera juxta Tournefortii methodum disposita, auctore Petro-Antonio MICHELIO. *Florentiæ*, 1728; un vol in-4.°, avec 108 Planches sur cuivre, renfermant environ 570 Figures en noir, ombrées, bonnes et en partie complètes.

Systématique orthodoxe : Inventeur, Descripteur, et Dénominateur ancien.

Cet Auteur a constitué plusieurs genres parmi les plantes à fructification visible. On lui doit un très-grand nombre de découvertes importantes sur les Cryptogames.

MILL. *Dict.* Dictionnaire des Jardiniers de Philippe MILLER, à *Paris*, 1785; dix vol. in-4°, y compris les deux volumes de Supplément, par M. de CHAZELLES. Le Supplément avec 9 Planches sur cuivre, renferme 70 Figures en noir, ombrées, médiocres et bonnes.

* *Id. Icon.* Figures of the plants described in the Gardener's Dictionary, by Philipp MILLER. London, 1760; deux vol. in-folio, avec 300 Planches sur cuivre, renfermant 399 Figures coloriées, médiocres et bonnes.

Inventeur ; Descripteur, et Dénominateur nouveau.

Le Dictionnaire de *Miller* est très-précieux, même en le considérant comme un ouvrage de Botanique. La plûpart de ses descriptions nous ont paru faites d'après nature, mais elles sont moins caractéristiques que celles de *Haller* ; l'Auteur prodiguant trop souvent les attributs communs à toutes les espèces du Genre et même de l'Ordre. Ses Figures originales sont exactes et bien gravées, mais celles qui ont été imitées dans la traduction Françoise, n'ont pas à beaucoup près ce mérite. D'ailleurs l'ouvrage de *Miller* est le premier qui nous offre des détails suffisans sur la culture des plantes rares.

* MONT. *Prod.* ou *Gram.* Josephi MONTI Catalogi Stirpium agri Bononiensis Prodromus, Gramina et adfinia complectens. *Bononiæ*, 1719; un vol in-4°, avec . . . Planches sur cuivre, renfermant . . . Figures en noir, ombrées, bonnes.

Systématique orthodoxe ; Inventeur, Descripteur, et Dénominateur ancien.

Ce petit ouvrage de *Monti* est devenu très-rare, et mériteroit d'être réimprimé, vû que cet Auteur est non-seulement recommandable par une nouvelle disposition méthodique des Graminées, mais encore parce qu'il présente la description et les Figures de plusieurs nouvelles espèces observées en Italie.

MORAND. *Hist.* Historia Botanico-practica, seu Stirpium atque Herbarum quæ ad usum Medicinæ pertinent, nomenclatura, descriptio, virtutes, etc. Opus Equitis Joannis Baptistæ MORANDI. *Mediolani*, 1761 ; un vol. in-folio, avec 68 Planches sur cuivre, renfermant 556 Figures en noir, ombrées, exactes.

Les 9 Figures de la première Planche et les trois premières Figures de la Planche 66, représentent des corallines, coraux, etc., et autres productions marines.

Systématique orthodoxe ; Collecteur, et Dénominateur ancien.

L'Ouvrage de *Morandi* mérite quelque attention quant au texte, qui offre le développement du Système de *Boerrhaave*, appliqué aux Plantes médicinales, et présente des Figures presque toutes d'après nature, et souvent caractéristiques, dessinées par l'Auteur et gravées à l'eau forte.

Les dépôts de la Bibliothèque de Turin renferment des porte feuilles très-considérables des dessins de végétaux exécutés par *Moran-*

d', soit des plantes spontanées en Italie, soit des espèces rares cultivées dans les jardins. Ces desseins sont souvent cités par *Allioni* dans sa *Flora Pedemontana*. Nous remarquerons que l'Ouvrage de *Morandi* offre non-seulement les caractères des genres tels que les avoit conçu *Boerrhaave*, mais encore une synonymie assez exacte, et des descriptions la plupart extraites de l'*Historia Plantarum* de *Rai*. Mais cet Ouvrage n'est point achevé, l'Auteur étant mort avant d'avoir publié la seconde partie qui devoit renfermer l'Histoire des arbres et des arbrisseaux.

MORIS. *Hist.* Plantarum Historia universalis Oxoniensis, *seu* Herbarum Distributio nova, auctore Roberto MORISON. Oxonii, 1715; deux vol. in-folio, avec 3o2 Planches sur cuivre, renfermant 3523 Figures en noir, ombrées, médiocres et bonnes.

Systématique orthodoxe; Inventeur, Descripteur, et Dénominateur ancien.

Cet Auteur qui a long-temps vécu à Blois ville de France, étant chargé de la direction du Jardin de *Gaston d'Orléans* frère de *Louis XIII*, a le premier signalé et décrit plusieurs espèces rares de France, dans son Ouvrage intitulé: *Præludia Botanica*. Retiré en Angleterre et chargé de la direction du Jardin d'Oxford, il entreprit son grand ouvrage, intitulé: *Historia Plantarum*, dont il n'a publié qu'un volume sur les Herbes, le troisième ayant été rédigé d'après ses manuscrits, par son successeur *Bobard*. Le premier, qui devoit traiter des arbres et des arbrisseaux, n'a jamais paru.

Cet Ouvrage dans lequel l'Auteur croyoit avoir tracé le véritable plan de la méthode naturelle, annonce presque à chaque page, comme l'a observé *Rai*, un amour propre désordonné. On ne trouve qu'un assez petit nombre de descriptions et de figures neuves, toutes les autres sont calquées d'après celles de ses prédécesseurs; et ses descriptions ne sont le plus souvent que la copie (sauf quelques additions) des descriptions de *J. Bauhin*. Cependant on doit à *Morison* des détails très-intéressans, spécialement sur les Fruits, et un rapprochement heureux des espèces dont il a le premier constitué les genres, ce qui a donné lieu aux critiques fréquentes, intitulées: *Allucinationes Bauhini*. Cet Auteur, dans sa distribution méthodique des *Ombellifères*, offre des figures plus grandes et meilleures que celles de son grand Ouvrage, mais cette Famille naturelle n'est pas pure dans cet Essai, l'Auteur ayant ajouté comme Ombellifères les *Valérianes*, etc.

* **MUNT.** *Brit.* Abrahami MUNTINGII Phytographia curiosa, exibens arborum, fruticum, herbarum et florum icones. Amstelodami, 1713; un volum. in-4°, avec 245 Planches sur cuivre, renfermant 253 Figures en noir, ombrées, bonnes.

Ouvrage publié par *François* KIGGELAER.

Inventeur;

Inventeur , Descripteur , et Dénominateur ancien.

Linné écrivant à *Haller* qui lui avoit demandé un exemplaire de l'Ouvrage de *Muntingius*, lui répondit : *Que voulez-vous faire d'un si mauvais ouvrage ?* Cependant dans la suite il le cite pour plusieurs espèces de *Rumex* et pour quelques autres Plantes. Il est certain que le texte de cet Auteur ne mérite aucune attention ; mais la plupart de ses Figures assez exactes ont été dessinées d'après nature , et plusieurs même sont originales.

MURRAI *Syst. veget.* Caroli Linnæi Systema Vegetabilium, secundùm classes , ordines , genera et species , cum caracteribus et differentiis , curante J. Andrea MURRAI , editio decimaquarta. *Gottingæ*, 1784; un vol. in-8°, sans Figures, renfermant 1454 genres et 12594 espèces, rangées suivant le Système sexuel.

Systématique orthodoxe ; Inventeur , Descripteur , et Dénominateur nouveau.

Le Système des Végétaux de *Murrai* est d'autant plus précieux, que le plus grand nombre des additions a été fait d'après les vues et les notes de *Linné*. Il présente même les caractères distinctifs d'une multitude de nouvelles espèces Européennes, publiées par *Jacquin*, dont on n'avoit auparavant aucune phrase spécifique. Ce Système de Végétaux est travaillé avec beaucoup d'art , mais ceux qui bien imbus des principes de la philosophie Linnéenne, examineront avec soin les nouvelles espèces Européennes, s'assureront facilement qu'un grand nombre d'entr'elles ayant été soumises à la critique de *Linné*, ne sont réellement que des variétés tranchantes des espèces analogues de *Linné*, variétés produites par le climat et quelquefois même par la culture dans les jardins botaniques. L'on sera porté à la croire, si on se rappelle que plusieurs espèces annoncées comme nouvelles par le sévère Botaniste *Gouan*, ayant été examinées par *Linné*, il n'en avoit reconnu comme telles qu'un très-petit nombre. D'où nous concluons, que si *Linné* avoit eu sous les yeux toutes les prétendues nouvelles espèces de nos Botanistes très-modernes, comme de *Jacquin*, *Allioni*, etc. etc. etc. peut-être n'en auroit-il adopté qu'un aussi petit nombre.

O.

* **OED.** *Flor. Dan.* Icones Plantarum , spontè nascentium in Regnis Daniæ et Norvegiæ, etc. ad illustrandum Opus de iisdem Plantis , regio jussu curandum FLORÆ DANICÆ nomine inscriptum , auctore Georgio-Christiano OEDER. *Hafiæ*, 1766; vingt-un fascicules in-fol. avec 1260 Planches sur cuivre, renfermant . . . . . Figures en noir , ombrées ou coloriées , bonnes, et en partie complètes.

Inventeur.

Oeder n'a publié que six centuries de cet Ouvrage. Il a été continué par *Muller* et *Wahl*, qui l'ont déjà porté à près de 1800 Planches. Les Figures sont proposées sans ordre, à mesure que les Auteurs pouvoient se les procurer. Les plus communes ont été exécutées à Gottingue sous la direction de *Murrai*. Plusieurs espèces proposées par *Oeder* sont nouves, et celles qui avoient déjà été déterminées par *Linné*, sont la plupart d'une vérité frappante, et offrent souvent tous les détails des parties de la fructification. *Oeder* avoit des vues très–étendues sur la Botanique, comme on peut s'en assurer par la lecture de ses *Elementa Botanices*. Élève de *Haller*, il inclinoit dans la pratique pour la méthode naturelle, dont il a tracé dans ce même Ouvrage une excellente esquisse.

P.

PER. *Tab. méth.* Tableau méthodique d'un cours d'Histoire naturelle médicale, par Bernard **PEYRILHE**. *Paris*, an 7; un vol. in-8°, sans Figures.

Peyrilhe nous offre l'exemple très-rare d'un Chirurgien qui a osé mener de front toutes les parties essentielles et accessoires de l'art de guérir. Tous ses Ouvrages de Chirurgie annoncent une vaste érudition guidée par un jugement sain et des vues profondes. Ses leçons sur les productions naturelles, considérées comme utiles aux Élèves en Médecine et en Pharmacie, nous prouvent qu'il a étudié avec soin les différentes parties de l'Histoire Naturelle. En adoptant pour texte de ses leçons la Matière médicale de *Linné*, il nous a convaincu qu'il avoit senti comme *Haller*, que cet Ouvrage rédigé par le génie, pouvoit seul rap-

peler à un Professeur tous les faits les mieux constatés. Les additions qu'il a faites à cette Matière médicale, ne la déparent pas. Elles portent principalement sur les principes actifs des médicamens déterminés par l'analyse chimique, et sur plusieurs propriétés bien constatées, reconnues par les observateurs modernes.

* **PETIV.** *Gas. Jacobi* PETIVERI Opera Historiam Naturalem spectantia, *Londini*, 1767; deux vol. in folio, avec 268 Planches sur cuivre, dont à peu près la moitié relatives à la Botanique, renferment environ 2000 Figures en noir, ombrées, mauvaises, médiocres et bonnes. Les autres Planches représentent des poissons, coquilles, insectes, etc.

Cet Ouvrage comprend, 1.° Gazophylacium Naturæ et Artis; 2.° Herbarii Britannici clariss. D. Rai Catalogus; 3.° Hortus Peruvianus medicinalis; 4.° Plantarum Italiæ marinarum icones et nomina. 5.° Pterigraphia Americana.

Collecteur, et Dénominateur ancien.

Les Amateurs recherchent l'Ouvrage de *Pétiver* comme un supplément à l'Histoire des Plantes de *Rai*. Mais ses Figures, quoique présentant un assez grand nombre d'espèces qui n'avoient pas encore été dessinées avant lui, sont si petites et si mal exécutées qu'elles ne méritent guères d'être consultées.

PLUK. *Phytog.* Leonardi PLUKENETII Phytographia, *sive Sti-*

plum illustriarum et minus cognitarum Icones. *Londini*, 1691; trois vol. in-4°, avec 454 Planches sur cuivre, renfermant 2813 Figures en noir, ombrées, mauvaises, médiocres et bonnes; et 8779 Plantes rangées par ordre alphabétique.

Cet Ouvrage comprend, 1.° Almagestum Botanicum; 2.° Almagesti Botanici mantissa; 3.° Amaltheum Botanicum.

Collecteur, Inventeur, et Dénominateur ancien.

Quoique cet Auteur n'ait pas voyagé, et qu'il n'ait fait dessiner le plus grand nombre de ses Plantes que d'après des échantillons conservés en herbier, cependant ses collections de Figures seront toujours regardées comme un des plus grands monumens en Botanique; elles intéressent même les Botanistes qui ne s'occupent que des Plantes Européennes: car il en a proposé le premier plusieurs espèces qui bien vérifiées, nous ont paru dessinées d'après les individus vivans.

PLUM. *Gen.* Nova Plantarum Americanarum genera, auctore P. Carolo PLUMIER. *Parisiis*, 1703; un vol. in-4°, avec 40 Planches sur cuivre, renfermant 106 Figures de genres, en noir, ombrées, bonnes.

* PLUM. *Amer.* Description des Plantes de l'Amérique, par le P. Charles PLUMIER, Minime. *Paris*, 1793; un vol. in-folio, avec 108 Planches sur cuivre, renfermant 150 Figures, partie au trait ou sans ombre, partie en noir et ombrées, bonnes.

* *Ejusd. Filic. Amer.* Traité des Fougères de l'Amérique, par le P. Charles PLUMIER, Minime et Botaniste du roi dans les isles de l'Amérique. *Paris*, 1705; un vol. in-folio, avec 172 Planches sur cuivre, renfermant 237 Figures en noir, ombrées, bonnes, parmi lesquelles sont représentés des Lichens, Mousses, Agarics, etc.

Systématique orthodoxe; Inventeur, Descripteur, et Dénominateur ancien.

Si les différens manuscrits de *Plumier* avoient été publiés, il seroit en droit de revendiquer une foule de Plantes Américaines annoncées de nos jours. Il a le premier constitué la plupart des genres des Plantes d'Amérique, d'après les vues et la méthode de *Tournefort*.

POLL. *Palat.* Joannis-Adami POLLICH Historia Plantarum in Palatinatu electorali sponte nascentium. *Manhemii*, 1776; trois vol. in-8°, avec 4 Planches sur cuivre, renfermant 17 Figures en noir, ombrées, bonnes; et 1205 Plantes rangées selon le système de *Linné*.

Systématique orthodoxe; Inventeur, Descripteur, et Dénominateur moderne.

Ce qui rend cet Ouvrage très-intéressant, c'est que l'Auteur a eu le courage et la patience de décrire *ex vivo* toutes les espèces qu'il a proposées méthodiquement d'après le Système de *Linné*. On peut regarder ses des-

X 2

criptions comme de véritables tableaux d'après lesquels on pourroit dessiner les mêmes Plantes de manière à les faire connoitre.

PON. *Bald.* Plantæ seu Simplicia, ut vocant, quæ in Baldo monte et in viâ à Veronâ ad Baldum reperiuntur, cum Iconibus et nominibus, à Joanne PONA. *Antuerpiæ*, 1601; un vol. in-folio, imprimé à la suite de *l'Historia de l'Ecluse*, avec 16 Figures sur bois, en noir, ombrées.

Inventeur.

Le Catalogue des Plantes du Mont-Baldi, par *Pona*, est recherché pour quelques espèces Alpines dont il a donné le premier la description et la figure.

R.

RAJ. *Hist.* Historia Plantarum, Species hactenus editas aliasque insuper multas noviter inventas et descriptas complectens, auctore Joanne RAJO. *Londini*, 1676; trois vol. in-folio, sans Figures.

Systématique orthodoxe; Inventeur, Descripteur, et Dénominateur ancien.

Rai a été un de ces hommes rares dont le génie ardent et très-étendu a pu embrasser avec succès toutes les parties de l'Histoire Naturelle. Mais en le considérant comme Botaniste, tous ses Ouvrages sont précieux pour les Amateurs. Il a été le premier qui ait tracé le plan d'une méthode véritablement naturelle, et qui ait désigné les Genres et les Espèces d'après des caractères faciles à saisir. Dans son grand Ouvrage intitulé *Historia Plantarum*, il a présenté avec précision, élégance et netteté, toutes les connoissances acquises de son temps; et sans avoir la prétention de tout réformer, il a mis en ordre et rectifié les excellentes Descriptions de *J. Bauhin*, *l'Ecluse* et *Colonna*, se contentant d'intercaler dans son texte les observations qui lui étoient propres, toutes les fois qu'il avoit pu vérifier leurs descriptions sur les Plantes vivantes. On peut non-seulement compter sur son exactitude relativement aux Plantes d'Angleterre qu'il avoit eu de fréquentes occasions d'examiner, mais encore sur la plupart de nos Plantes Alpines et Méridionales, ayant plusieurs fois parcouru, en véritable observateur, nos Alpes, l'Italie, le Languedoc et la Provence.

REICH. *Gen.* Caroli Linnæi Genera Plantarum, curante Joanne-Jacobo REICHARD. *Francofurti ad Mœnum*, 1778; un vol. in-8°, sans Figures, renfermant 1343 genres.

Ejusd. Syst. Pl. Caroli Linnæi Systema Plantarum, curante REICHARD. *Francofurti ad Mœnum*, 1779, quatre volumes in-8°, sans Figures, renfermant 8311 Plantes.

Systématique orthodoxe.

RENEAL. *Specim.* Pauli RENEALMI Specimen Historiæ Plantarum. *Parisiis*, 1611; un vol. in-4°, avec 25 ▒▒▒▒ sur cuivre, renfermant ▒▒ Figures en noir, ombrées, bonnes, et imparfaites.

Inventeur, Descripteur, et Dénominateur ancien avec des phrases grecques.

Bénéalme paroit avoir rédigé cet Ouvrage d'après les vues et le plan de *Richier de Belleval :* même nomenclature caractéristique grecque ; même manière de décrire ; même plan de dessin pour les Figures dont plusieurs sont caractéristiques ; rapprochemens heureux des espèces pour constituer les genres généraux et subalternes comme dans ses *Geopones.*

Columna, Prosper Alpin, Richier de Belleval et *Bénéaulme* ont été les premiers qui ont abandonné les Figures sur bois, pour leur substituer les Figures sur cuivre.

RHEED. Malab. Hortus Indicus Malabaricus, adornatus per Henricum Van Rheede. *Amstelodami,* 1678 ; douze volumes in-folio avec 794 Planches sur cuivre, renfermant 794 Figures en noir, ombrées, bonnes et incomplètes.

Inventeur et Descripteur.

Cette Collection a été une des plus grandes entreprises botaniques. Elle seroit bien plus précieuse, si les rédacteurs de cet Ouvrage, imbus des principes qui ont dirigé les Botanistes modernes, avoient fourni les détails nécessaires sur les parties de la fructification. Cet Ouvrage présente un très-grand nombre d'arbres et d'arbrisseaux ; mais il ne faut pas croire, comme quelques Botanistes, que la région qui les produit soit plus féconde en Plantes ligneuses qu'en Plantes herbacées. Les premiers voyageurs Botanistes en Amérique, en Asie et en Afrique, ont dû décrire et figurer les arbres et les arbrisseaux comme se présentant au premier coup d'œil et frappant davantage leur imagination. Mais il est certain que des recherches ultérieures ont démontré que sur la même étendue de sol, le nombre des genres et des espèces étoit infiniment plus considérable dans les pays qui avoisinent l'Équateur que dans nos climats tempérés Septentrionaux. *Linné,* n'ayant pas assez insisté sur cette observation, s'est trompé relativement au nombre de Végétaux supposés existans sur toute la surface du globe. Il a prétendu dans sa préface du *Species Plantarum,* qu'en comparant le nombre des Plantes découvertes en Europe, et à peu près épuisées, les trois autres parties du globe n'en présentoient qu'un nombre proportionel. Mais s'il avoit fait attention à la grande différence qui se trouve, pour le nombre des genres et des espèces, entre la Flore de Suède et celle de Portugal, par exemple, il auroit reconnu que les pays Méridionaux nourrissent un plus grand nombre de Plantes que les régions Septentrionales.

Notre ami *Dombey* nous assura que dans un vallon du Pérou, qui n'offroit pas une lieue de longueur sur à peu près cent toises de largeur, il avoit eu la curiosité de calculer avec beau-

X 3

coup de soin le nombre des espèces de Plantes que ce terrain
très-borné pourroit lui offrir.
Il s'assura, après de fréquentes
herborisations faites uniquement
sur ce local en différens temps,
qu'il avoit préparé et desseché
1400 espèces bien distinctes,
cueillies uniquement dans ce vallon, c'est-à-dire l'équivalent des
Plantes observables à quatre ou
cinq lieues à la ronde d'une ville
de France. Quoi qu'il en soit de
cette vérité, l'Ouvrage de *Rheede*
est devenu nécessaire comme celui de *Rumphius*, à tous les Botanistes qui veulent connoître les
Plantes d'Asie. Mais il s'en faut
beaucoup que toutes les espèces
que ces deux Auteurs ont figurées soient ramenées à celles qui
sont déjà liées avec le Système
de *Linné*.

ROEM. *Flor.* Floræ Lusita-
nicæ et Brasiliensis Specimen,
Auctore J. J. ROEMER. *Norimbergæ*; 1796; un vol. in-8°, avec
8 Planches sur cuivre, renfermant 62 Figures en noir, ombrées, bonnes.

*Systematique orthodoxe ; In-
venteur, Descripteur, et Dénominateur nouveau.*

Cet Ouvrage de *Roemer* est
intéressant en ce qu'il renferme
les Lettres de *Linné* père et fils
à *Vandell :* elles sont au nombre
de vingt-deux.

ROTH *Catal. Bot.* Catalecta
Botanica, quibus Plantæ novæ
et minus cognitæ describuntur
atque illustrantur, ab Alberto-
Guilielmo ROTH. *Lipsiæ*, 1797;
premier fascicule avec 8 Plan-

ches sur cuivre, renfermant 34
Figures coloriées, bonnes.

*Systématique orthodoxe ; In-
venteur, Descripteur, et Dénominateur nouveau.*

Cet Ouvrage de *Roth* offre un
travail considérable sur les *Hé-
patiques*, principalement sur les
Conferves, les *Ulves*, etc ; des
descriptions soignées, des observations nombreuses, et des figures coloriées de la plupart des
espèces.

ROTTB. *Desc. et Icon.*
Descriptiones et Icones rariorum et pro maximâ parte nova-
rum Plantarum, Auctore Chris-
tiano Friis ROTTBOELL. *Hauniæ*,
1786 ; un vol. in-fol. avec 21
Planches sur cuivre, renfermant
81 Figures en noir, ombrées,
bonnes et complètes.

*Inventeur, Descripteur, et
Denominateur nouveau.*

L'Ouvrage de *Rottboell* sur les
Graminées est recommandable
par l'exactitude des descriptions,
la beauté et la vérité des Figures.
Il devient sur-tout nécessaire
aux Botanistes qui ont l'ambi-
tion de connoître les plantes
exotiques.

RUMPH. *Amb.* Georgii Eve-
rardi RUMPHII Herbarium Am-
boïnense, curâ et studio Joannis
BURMANNI. *Amstelodami*, 1750
et 1755 ; sept vol. in-fol. avec
550 Planches sur cuivre, renfermant 550 Figures en noir
ombrées, bonnes et incomplètes.

Inventeur et Descripteur.

L'Ouvrage de *Rumphius* sur
les Plantes d'Amboine est aussi

précieux que celui de *Rheede* sur les Plantes du Malabar ; il étoit devenu aussi rare : mais *Burchoo* ayant acheté ses cuivres en Hollande, les a publiés dans ses différentes collections.

L'Ouvrage de *Rumphius* présente plus d'arbres et d'arbrisseaux que d'herbes, par les mêmes raisons que nous avons données à l'article de *Rheede*.

Un grand nombre des espèces qu'il a figurées sont encore inconnues aux modernes, n'ayant point été ramenées aux dispositions systématiques par les derniers Voyageurs. Mais ce qui rend précieuses ces deux collections de *Rheede* et de *Rumphius*, c'est qu'ils ont les premiers, fait connoître plusieurs espèces utiles dans les Arts, la Médecine et l'Économie domestique.

S.

SABBATI *Hort. Rom.* Hortus Romanus secundùm Systema *J. P. Tournefortii*, à Nicolao-Martello *SABBATI. Romæ*, 1780; sept vol. in-folio, avec 700 Planches sur cuivre, renfermant 700 Figures enluminées, médiocres et bonnes.

Systématique orthodoxe ; Collecteur , Inventeur de quelques espèces , et Dénominateur ancien et nouveau.

L'*Hortus Romanus* nous fournit la preuve que des Botanistes occupant des chaires distinguées dans les plus grandes villes de l'Europe , et dirigeant des jardins magnifiques, n'ont pas toujours l'érudition nécessaire pour déterminer avec sûreté les es-

pèces qu'ils ont sous les yeux. L'*Hortus Romanus* dans son plan général paroît être une production du 17e siècle. Les Rédacteurs n'ont connu ni la manière de philosopher de *Linné*, ni celle de ses contemporains, ni la véritable méthode de ramener leurs espèces à des genres bien circonscrits. Leur synonymie est souvent fautive , et leurs dénominations quelquefois peu exactes. Cependant cet Ouvrage incomplet relativement au Système de *Tournefort* que les rédacteurs ont suivi, présente un assez grand nombre de Plantes rares , mieux dessinées que coloriées.

SCHEUCHZ. *Gram.* Agrostographia *sive* Graminum , Juncorum , Cyperorum , Cyperoïdum , iisque affinium Historia, auctore Joanne *SCHEUCHZERO.* *Tiguri* , 1729 ; un vol. in-4°, premièrement avec 11 Planches sur cuivre, renfermant 179 Figures en noir, au trait, bonnes et caractéristiques ; secondement, huit Planches sur cuivre, renfermant 20 Figures d'espèces en noir, ombrées, bonnes.

Systématique orthodoxe ; Inventeur , Descripteur , et Dénominateur ancien.

Avant cet Auteur , la nombreuse et difficile famille de *Graminées* étoit encore très-embrouillée. *G. Bauhin* l'avoit à peine ébauchée, dans le premier vol. de son *Theatrum Botanicum.* Son frère *J. Bauhin* ne lui étoit pas supérieur dans cette classe , ni pour les descriptions ni pour les Figures. Les *Graminées* les.

plus vulgaires d'Europe étoient à peine décrites. Nous ne possédions aucune Figure exacte de la plupart des espèces. *Loësel*, *Barrelier* et *Monti* en avoient fait connoître et dessiner un grand nombre ; mais il étoit réservé à *Scheuchzer* de les tous examiner à neuf, de disséquer les parties de la fructification de chaque espèce, d'exprimer ces parties par des mots techniques, d'en faire dessiner les principales différences.

Le seul défaut qu'on puisse reprocher à cet infatigable Graministe, c'est de n'avoir pas su distinguer les descriptions naturelles d'avec les descriptions caractéristiques. En effet, plus les familles des Plantes sont naturelles, c'est-à-dire plus ces Plantes se ressemblent, non-seulement par les principales parties de la fructification, mais encore par la racine, les feuilles, les fleurs, etc. moins l'on doit se piquer d'énoncer pour chaque espèce, la forme, la situation et la grandeur de chaque partie, c'est-à-dire les attributs qui sont communs à toute la famille. Les descriptions naturelles rendent la lecture de *Scheuchzer* très-fastidieuse.

* SCHŒF. *Fung.* Joannis-Christiani SCHŒFFER Fungorum qui in Bavariâ et in Palatinatu circa Ratisbonam nascuntur, Icones nativis coloribus expressæ. *Ratisbonæ*, 1761 et 1762 ; deux vol. in-4°, avec 200 Planches sur cuivre, renfermant 1146 Figures coloriées, bonnes.

Systématique orthodoxe ; Inventeur, Descripteur, et Dénominateur nouveau.

L'Ouvrage de *Schœffer* sur les Champignons d'Allemagne, est le plus grand travail exécuté sur cette partie très-obscure de la Botanique. *Linné* avoit désespéré de pouvoir jamais déterminer avec justesse, dans cette famille des Cryptogames, ce qui est espèce et variété. En effet, les différens temps d'accroissement, sur-tout les compressions que les Champignons éprouvent dans leur développement, les différentes couleurs qu'ils acquièrent suivant le terrain, les divers degrés de chaleur, de froid, d'humidité et de sécheresse, parurent à *Linné* si considérables, qu'il regarda comme variétés cette multitude d'espèces reconnues et adoptées par ses successeurs et ses contemporains.

Schœffer, sans s'inquiéter beaucoup des dogmes de *Linné* à cet égard, fit dessiner et colorier tous les Champignons qu'il avoit observés en Allemagne, pour peu qu'il leur reconnût quelque différence relative à la grandeur, à la forme et à la couleur ; ce qui porta les prétendues espèces des environs de Ratisbonne, à un nombre prodigieux, en le comparant avec les espèces reconnues par *Linné* dans toute l'Europe. Quoi qu'il en soit, les descriptions de *Schœffer* sont très-exactes et ses Figures excellentes. On auroit desiré que cet Auteur eût donné une synonymie pour les Champignons, travail essentiel qui auroit rendu son Ouvrage beaucoup plus utile, parce que sans ce travail important, on ne sait à quelle espèce de *Linné* ou autres Botanistes rapporter ses Figures.

Nous lui devons encore un Ouvrage utile, rédigé en faveur des élèves, intitulé : *Botanica expeditior*, Ratisbonæ, 1760, in-8.° Ce sont des Tables des genres Linnéens dont le texte est gravé, dans lesquelles on trouve une distribution méthodique et le signalement des genres exprimés par les seuls attributs caractéristiques, et disposés suivant la méthode combinée de *Rivin* et de *Tournefort* ; savoir, la régularité et l'irrégularité de la corolle, et le nombre des pétales.

SCHKUHR *Carex.* Histoire des Carex ou Laiches, contenant la description et les Figures coloriées de toutes les espèces connues, et d'un grand nombre d'espèces nouvelles, par Chrétien Schkuhr. *Leipzig*, 1802 ; un vol. in-4°, avec 54 Planches sur cuivre, renfermant 124 Figures, coloriées, bonnes et complètes.

Systématique orthodoxe ; Inventeur, Descripteur, et Dénominateur nouveau.

On desiroit depuis long-temps une monographie sur les *Carex*, et elle devenoit d'autant plus nécessaire que ce genre très-nombreux offre peu de différences saillantes pour constituer les véritables espèces. Ce qui rend leur détermination très-difficile, c'est que les épis mâles offrent un aspect et des formes très-différentes dans les divers temps de leur développement. L'Ouvrage de *Schkuhr* ne laisse presque rien à desirer. Ses descriptions sont très-détaillées, et portent sur des attributs vraiment caractéristiques. Les parties de la fructification sont dessinées séparément et souvent grossies à la loupe ; en cela il a imité son prédécesseur *Leers*. Ses Figures présentent, toutes les fois qu'il est nécessaire, les *Carex* dans les différens états de leur développement, ce qui fait connoître combien les espèces de ce genre varient pour la forme des épis. Le traducteur qui nous a procuré en françois cet excellent Ouvrage, *C. F. de la Vigne*, l'a non-seulement enrichi de notes précieuses, mais encore de plusieurs espèces nouvelles.

SCHMID. *Icon.* Icones Plantarum et Analyses partium æri incisæ atque vivis coloribus insignitæ, etc. quas composuit Casimirus-Christophorus Schmidel, editio 2, curante *Valentino Bischoff. Norimbergæ*, 1782 ; un vol. in-fol. avec 25 Planches sur cuivre, renfermant 28 Figures d'espèces, coloriées, bonnes et complètes, excepté celle de la Planche 23 ; et 519 Figures pour les parties de la fructification.

Systématique orthodoxe ; Inventeur, Descripteur, et Dénominateur nouveau.

Les fascicules de *Schmidel* offrent en général les plus grands détails sur les différentes parties des espèces qu'il a illustrées, et une foule d'observations neuves sur quelques *Cryptogames.* Si cet Auteur avoit traité un genre ou deux de chaque famille naturelle, comme le *Martynia annua*, le *Nolana prostrata*, le *Polygala Chamæbuxus*, etc. nous possé-

dérions assez de détails, sur-
tout sur les parties de la fructification, pour déduire des co-
rollaires très-lumineux relativement à l'o.ganisation des végétaux. Nous devons encore à cet
Auteur une édition très-soignée
des Ouvrages posthumes du grand
Gesner, publiée après sa mort.
Ses voyages en France, en Italie,
etc. sont très-intéressans par une
multitude d'annotations sur les
productions naturelles des pays
qu'il a parcourus.

SCOPOL. *Carn.* Joannis-An-
tonii SCOPOLI Flora Carniolica,
exhibens plantas Carnioliæ indi-
genas. *Vindobonæ*, 1772; deux
vol. in-8°, avec 65 Planches sur
cuivre, renfermant 87 Figures
en noir, ombrées, médiocres et
bonnes; et 1645 Plantes rangées
selon le Système sexuel.

Ejusdem Delic. Fl. Deliciæ
Floræ et Faunæ Insubricæ, *seu
novæ aut minus cognitæ species Plantarum et Animalium,
quas in Insubriâ Austriacâ tàm
spontaneas, quàm exoticas vidit,
descripsit et æri incidi curavit
Joannes-Antonius SCOPOLI. Ti-
cini*, 1786; trois vol. in-folio,
avec 75 Planches sur cuivre,
dont 53 relatives à la Botanique, renferment 57 Figures en
noir, ombrées, bonnes et complètes.

*Systématique orthodoxe; In-
venteur, Descripteur, et Dénominateur nouveau.*

Scopoli a été un de ces Naturalistes assez courageux pour
étudier avec succès, non-seulement toutes les branches de l'Histoire naturelle, mais encore pour
en aviver les principales parties,
sur-tout la Minéralogie, par des
connoissances profondes en chimie. Considéré comme Botaniste, nous lui devons plusieurs
Ouvrages remplis de vues et d'observations neuves.

Dans les uns, comme sa première édition du *Flora Carniolica*, et dans son esquisse du Système végétal, l'Auteur s'est at-
taché à tracer le plan d'une méthode naturelle. Dans la seconde
édition du *Flora Carniolica*, il
a adopté le Système de *Linné*,
mais avec des modifications considérables relativement à la formation des genres. C'est principalement ce dernier Ouvrage qui
rend *Scopoli* recommandable aux
Amateurs. Dans ses genres, il a
indiqué le plus souvent les observations dues aux plus célèbres
Systématiques, tels que *Tournefort*, *Linné*, *Haller*, *Adanson*,
etc. Dans le signalement des espèces, il ne s'est pas contenté
de transcrire les phrases caractéristiques de *Linné*, *Haller*,
etc.; mais sous le titre de *Diagnostique*, il a présenté fréquemment d'autres caractères plus faciles à saisir, et qui signalent
très-bien l'espèce à déterminer.
Toutes les espèces neuves ou
obscures sont décrites avec précision et vérité. Ses Figures sont
assez exactes pour faire reconnoître la plante.

On trouve encore des vues
précieuses et des observations
neuves, dans ses Ouvrages inti-
tulés : *Fundamenta botanica;
Anni medici; Plantæ Insubricæ.*

Dans ce dernier Ouvrage, par lequel il a terminé sa carrière littéraire, Scopoli s'étoit proposé de donner les Figures et les descriptions de toutes les productions naturelles, soit du Jardin et du Musée de Pavie, soit celles qui sont indigènes dans les environs de cette ville, en considérant ces productions comme nouvelles ou comme n'ayant point encore été décrites et figurées suivant les règles de l'art. La partie la plus neuve de cet Ouvrage et qui a été peu imitée, nous offre d'excellentes observations sur les cotylédons des Plantes qu'il a décrites.

SEG. *Ver.* Plantæ Veronenses seu Stirpium quæ in agro Veronensi reperiuntur, methodica Synopsis, auctore Joanne-Francisco SEGUIERO. *Veronæ*, 1745; 2 vol. in-8, avec 17 Planches sur cuivre, renfermant 54 Figures en noir, ombrées, bonnes et en partie complètes.

* *Ejusd. Suppl.* Plantarum quæ in agro Veronensi reperiuntur, Supplementum seu volumen tertium, operâ Jo. Francisci SEGUIERI. *Veronæ*, 1754; un vol. in-8°, avec 8 Planches sur cuivre, renfermant 28 Figures en noir, ombrées, bonnes et en partie complètes. La quinzième Planche du second volume et la huitième du Supplément, renferment les figures caractéristiques des Orchidées.

Systématique orthodoxe; Descripteur, et Dénominateur ancien.

Seguier a joui pendant sa longue vie d'une très-grande réputation, comme Antiquaire et comme Naturaliste. A ces deux titres, il étoit en correspondance suivie avec les plus savans hommes de l'Europe. Ayant long-temps voyagé avec le respectable marquis de *Maffey* dans les différentes parties de l'Europe, il ne laissa échapper aucune occasion d'augmenter ses connoissances sur ces deux sciences favorites. Pendant son séjour à Lyon, il fit connoître aux Antiquaires de cette ville une foule de monumens, sur-tout d'inscriptions qu'il sut découvrir jusques dans les caves des particuliers. C'est dans ses voyages qu'il recueillit les matériaux de sa *Bibliothèque botanique*, le premier Ouvrage de ce genre, après les Essais de *Gesner*. Pendant son long séjour à Vérone, il ne cessa d'herboriser dans cette partie féconde de l'Italie, et sur-tout sur le mont Bal-li.

Ses excursions botaniques nous ont procuré son Ouvrage intéressant, intitulé *Plantæ Veronenses*, dans lequel il a disposé les plantes de cette région, selon le Système de *Tournefort*, un peu modifié d'après celui de *Rivin*. Ce premier Essai offre plusieurs observations neuves pour la formation des Genres, et un assez grand nombre d'espèces nouvelles bien décrites et dessinées correctement par l'Auteur. Il avoit préparé un bien plus grand nombre de dessins, mais les frais de gravure l'empêchèrent de les publier.

Retiré dans sa patrie, à Nismes, il ne cessa jusqu'à sa mort d'her-

boriser autour du terroir de cette
ville, si fécond en plantes médicinales. Son cabinet disposé avec
goût, étoit sur-tout remarquable
par les empreintes des poissons
trouvés sur une montagne aux environs de Vérone. Ses herbiers
offroient une suite complète des
Plantes de nos provinces méridionales. Il auroit pu rédiger une
excellente Flore pour les environs de Nismes, mais il se
contenta de communiquer toutes
les espèces neuves qu'il avoit
découvertes, à ses amis *Sauvages*, *Cusson* et *Gouan*, qui
l'ont fréquemment cité avec
éloge. Ses immenses collections
en antiquités, histoire naturelle,
et sa belle bibliothèque, si riche
en livres rares de Botanique,
sont devenus par son testament
la propriété de l'Académie de
Nismes, dont il étoit un des
membres les plus laborieux.

SLOAN. *Jam.* Voyages to the
Islands Madera, Barbadas, Nie-
ves, St. Christhopheus and Ja-
maica with the natural History,
by HANS-SLOANE. *London*, 1707;
deux vol. in-folio, avec 274
Planches sur cuivre, renfermant
490 Figures en noir, ombrées,
médiocres et bonnes. Sur ces
274 Planches, il y en a environ
60 qui représentent des oiseaux,
des poissons, des insectes, des
corallines, etc.

*Inventeur, Descripteur, et Dé-
nominateur ancien.*

Hans-Sloane a été un des
Naturalistes les plus passionnés.
Il avoit employé non-seulement
son patrimoine, mais encore
tout le produit d'une pratique

très-nombreuse et très-lucrative
à Londres, à assembler une des
plus riches bibliothèques en
Histoire naturelle, et les collections les plus nombreuses pour
son temps. Il avoit jeté les fondemens de son cabinet et recueilli
ses premières observations à la
Jamaïque; et ce qui est surpre-
nant, c'est qu'il y ait pu rassem-
bler autant de faits et autant
de productions naturelles pendant un séjour aussi peu pro-
longé. *Sloane* légua sa bibliothèque, ses herbiers et ses
collections d'Histoire naturelle,
à la Société royale de Londres.
A ce titre et par ses différens
Ouvrages l'immortalité lui est
justement acquise.

T.

* TABERNA. *Hist.* Jacobi-
Theodori TABERNÆMONTANI Historia Plantarum Germanica,
tribus partibus edita. *Francofurti*,
1588; deux vol. in-folio, avec
2087 Figures sur bois, en noir,
ombrées, mauvaises, médiocres
et bonnes.

*Inventeur, Descripteur, et
Collecteur.*

Tabernamontanus peut être
considéré comme compilateur et
comme inventeur. Son Ouvrage
rédigé en allemand en deux vol.
in-folio, ne présente pas autant
de Figures que de notes descrip-
tives; cependant c'est une des
plus grandes collections de Botanique. G. Bauhin, en publiant
la seconde édition de cet Ouvrage, y ajouta quelques notes
et quelques synonymes. Son frère
J. Bauhin a souvent critiqué

Tabernamontanus avec amertume, le traitant de compilateur ignorant Il lui reproche avec raison d'avoir multiplié les Figures d'une même espèce, relativement à des différences accidentelles de couleur ou de grandeur ; cependant cet Ouvrage est devenu nécessaire à tout Botaniste, 1.º parce qu'il offre des copies exactes des meilleures Figures des Anciens ; 2.º parce qu'il nous présente au moins une centurie d'espèces Européennes dont on n'avoit auparavant que de très-mauvaises Figures et même un assez grand nombre de Dessins absolument neufs. Les Botanistes modernes citent rarement le grand Ouvrage de *Tabernamontanus* rédigé en allemand, ils préfèrent de citer l'édition format in-4° oblong qui n'offre que les Figures et leur nomenclature.

THAL *Herc.* Sylva Hercinica *sive* Catalogus Plantarum spontò nascentium in montibus et locis vicinis Herciniæ Sylvæ à Joanne THALIO conscriptus. *Francofurti ad Mœnum*, 1588 (à la suite du Camerarii Hortus); un vol. in-4°, avec 9 Planches sur bois, renfermant 12 Figures en noir, ombrées, bonnes et en partie complètes.

Inventeur, Descripteur, et Dénominateur ancien.

Ce Catalogue de *Thal* est sur-tout remarquable par l'étonnante quantité d'espèces de Plantes qu'il a indiquées, comme les *Hieracia ; de Haller* qui avoit parcouru avec soin la même forêt, n'a pu les ramener toutes aux Espèces modernes connues.

THEAT. *Flor.* Theatrum Floræ. *Lutetiæ Parisiorum*, 1633 ; un vol. in-folio, avec 69 Planches sur cuivre, renfermant 262 Figures en noir, ombrées, bonnes et incomplètes.

Cet Ouvrage présente de très-bonnes Figures de toutes les plantes coronaires ou d'agrément introduites dans les jardins de Paris sous le règne de *Louis XIII.* Parmi ces Figures on doit surtout remarquer celle de l'*Amaryllis formosissima*, L. qui est une des plus correctes et des plus exactes.

THOUIN l'aîné, Directeur du Jardin Botanique de Paris, a publié d'excellens articles sur la culture des Plantes dans l'Encyclopédie méthodique. L'aménité de son caractère et la générosité avec laquelle il procure à tous les Botanistes de l'Europe des semences et des plants vifs, lui ont obtenu l'amitié et l'estime de tous ceux qui correspondent avec lui. Ce Botaniste pourroit seul nous donner en françois un travail analogue à celui de *Miller*, sur les meilleures méthodes de cultiver les Plantes exotiques. Les savantes leçons qu'il donne à ses Élèves, sont un sûr garant de notre assertion.

THUIL. *Par.* Flore des environs de Paris, ou distribution méthodique des plantes qui y croissent naturellement, par J. L. THUILLIER, Botaniste. *Paris*, 1798 (an VII); un vol. in-8°, sans figures, renfermant 1418

Plantes disposées selon le système de *Linné*. L'Auteur a promis la Cryptogamie.

Systématique orthodoxe.

On ne devoit guères espérer, après les recherches de *Tournefort*, *Vaillant*, *Dalibard*, *Bulliard*, etc. que les environs de Paris pourroient fournir à notre Auteur de nouvelles espèces. Cependant son catalogue en présente un grand nombre, même de celles qui par leur grandeur ne sont pas supposées avoir pu échapper à la sagacité des premiers Observateurs. Mais ce qui peut résoudre cette difficulté, c'est que nous nous sommes assurés par les observations des Botanistes Lyonnois, que chaque Flore présente des variations accidentelles, causées par les inondations des rivières, par les vents impétueux, par le passage annuel des oiseaux pendant leurs migrations, qui procurent et disséminent des graines amenées souvent de très-loin. Cette Flore de Paris, telle que l'ont proposée *Vaillant* et *Thuillier*, offre certainement un très-grand nombre d'espèces; mais sa richesse ne nous paroit pas fondée, vû la grande étendue de terrain que ces Botanistes ont indiqué : ils portent leurs prétentions à plus de trente lieues de cordon.

THUNB. *Jap.* Caroli-Petri **THUNBERG** Flora Japonica, sistens Plantas insularum Japonicarum secundùm Systema sexuale emendata. *Lipsiæ*, 1784; un vol. in-8°, avec 39 Planches sur cuivre, renfermant 39 Figures en noir, ombrées, bonnes et incomplètes.

Systématique orthodoxe; Inventeur, Descripteur, et Dénominateur nouveau.

Cet Auteur seroit regardé comme le disciple le plus légitime de *Linné*, s'il avoit suivi avec plus de rigueur les dogmes de son maitre. Les réformes qu'il a faites dans le Système sexuel et qui ont été adoptées par *Gmelin* dans son *Systema Naturæ*, et par *Haenck* dans son *Genera*, n'ont pas été approuvées par les vieux Botanistes, accoutumés à la disposition méthodique de *Linné*, telle qu'il l'avoit proposée. D'après cette réforme de *Thunberg*, les Genres du dernier Ordre de la Syngénésie, savoir la *Monogamie*, sont distribués dans la Pentandrie; les Gynandres, les Monoïques, Dioïques et Polygames rentrent dans les différentes Classes formées par le nombre des étamines. On peut cependant avouer que cette réforme est avantageuse, en ce qu'elle facilite et simplifie les recherches des Élèves. Mais ce qui assure à *Thunberg* une place distinguée parmi les Inventeurs, ce sont ses monographies qui présentent un grand nombre d'espèces neuves très-bien caractérisées et parfaitement décrites.

TILL. *Pis.* Catalogus Plantarum Horti Pisani, auctore Michaele-Angelo **TILL.** *Florentiæ*, 1723; un vol. in-folio, avec 50 Planches sur cuivre, renfermant 87 Figures en noir, ombrées, médiocres; et 4073 Plantes rangées par ordre alphabétique.

Inventeur, Descripteur, et Dénominateur ancien.

Ce Catalogue offre un si grand nombre de plantes, qu'on peut douter qu'elles aient toutes existé en même temps dans le Jardin de Pise. Mais ce qui le rend précieux, ce sont les Figures de plusieurs plantes exotiques et de quelques plantes indigènes d'Italie, qui sont très-exactes, et dont plusieurs sont neuves et originales.

TOURN. *Inst.* Josephi Pitton de Tournefort Institutiones Rei herbariæ. *Lugduni*, 1719, (sur l'édition de Paris, avec le corollaire à la fin du troisième volume); trois vol. in-4°, avec 489 Planches sur cuivre, renfermant 743 Figures de Genres, en noir, ombrées, bonnes.

Les onze premières Tables représentent les diverses parties des fleurs, telles que le calice, la corolle, les étamines, le pistil, les différentes formes de corolle; et les Tables 338, 339, 340, 341 et 342, figurent des corallines, coraux, madrépores, lythophytes, orgues de mer, éponges.

Ejusd. Voy. au Lev. Relation d'un Voyage du Levant fait par ordre du Roi, etc. par Pitton de Tournefort. *Paris*, 1717; deux vol. in-4°, avec 49 Planches sur cuivre, relatives à la Botanique, renfermant 49 Figures en noir, ombrées, bonnes et complètes.

Systématique orthodoxe; Inventeur, Descripteur, et Dénominateur ancien.

La méthode de *Tournefort* aura toujours un grand avantage sur celle de ses successeurs,

étant aussi ingénieuse que celle de *Linné*, mais beaucoup plus simple dans son développement, et conduisant l'Elève aux notes caractéristiques de chaque Genre par des comparaisons d'objets qui sont familiers à tous les hommes. Quoique méthode mixte, elle présente un très-grand nombre de Familles naturelles et de Genres primitifs fondamentaux. Tous les Savans conviennent de la première assertion, mais on n'a peut-être pas fait assez d'attention à la seconde : les *Renoncules*, les *Alsines*, les *Lychnidées*, etc. en fournissent la preuve.

Si on considère les bornes très-limitées de la mémoire du plus grand nombre des Savans, peut-être connoîtra-t-on que les *Institutes* de *Tournefort* présentent le cadre des véritables connoissances botaniques, absolument nécessaires pour ceux qui, guidés par une sage logique, ont le courage de se borner à la connoissance des plantes Européennes et des plantes exotiques qui, considérées comme curieuses, doivent fixer leur attention. Dans cette hypothèse, en considérant la méthode de *Tournefort*, augmentée ou perfectionnée par *Plumier*, *Micheli* et *Dillen*, les Amateurs qui auroient fixé ainsi leurs prétentions d'après leurs besoins réels, ne trouveront-ils pas dans ces quatre Auteurs réunis, toutes les connoissances qui peuvent constituer un véritable Botaniste, sur-tout si les faits et les observations qu'ils auront puisés dans ces Auteurs, relativement aux plantes

qu'ils ont indiquées, sont vérifiées de nouveau par la concor-
dance de ses connoissances, avec
le Système de *Linné*, et avec les
observations de ce grand homme
sur les Genres et les Espèces
déjà proposés par *Tournefort* ?

Obs. Il a été tiré quelques
exemplaires du Voyage de *Tour-*
nefort au Levant sur papier fin ;
on les connoit à un petit point
placé à côté des signatures au
bas de chaque page, figuré ainsi
qu'il suit : .A .B .C , etc.

Les éditions de l'Imprimerie
Royale sont distinguées par les
deux caractères suivans : 1.° par
une petite ligne qui occupe le
centre extérieur de chaque l mi-
nuscule ; 2.° par de petits traits
horizontaux qui bordent par en
haut et par en bas certaines
lettres minuscules, comme b, d,
h, i, k, l, m, n, p, q, r, fi.
Ces traits qui terminent les six
premières lettres que nous citons,
passent horizontalement de l'un
et de l'autre côté de la tige, les
cinq autres commencent par un
demi-trait aussi horizontal ; au
lieu que les mêmes lettres d'usage
en Europe, commencent par un
petit trait incliné qui n'occupe
que la partie gauche.

T R A G. *Histor.* Hieronimi
Tragi, Stirpium Historia. *Ar-*
gentinæ, 1552 ; un vol. in-4°,
avec 560 Figures sur bois, au
trait ou sans ombre, médiocres
et bonnes.

Inventeur et Descripteur.

L'Ouvrage de *Tragus*, publié
en allemand, fut traduit en
françois par *David Kiber*. Ses
Figures sont en partie calquées

sur celles de *Brunsfeld* et de
Fuchs ; mais il offre plusieurs
plantes originales dont il est
l'inventeur. Il en a même décrit
brièvement, de manière cependant à les reconnoître, environ 140, la plupart indigènes
en Allemagne, dont il n'a point
publié de Figures, et qu'il a
le premier reconnues : à ce titre
on a eu raison de le placer parmi
les Inventeurs. Ce qui rend son
Ouvrage précieux, c'est qu'il a
déterminé les propriétés de plusieurs plantes indigènes, telles
que les Médecins modernes les
plus sceptiques les ont reconnues
par de nombreuses observations.

V.

VAILL. *Bot.* Botanicon Pa-
risiense, *ou* Dénombrement par
ordre alphabétique des Plantes
qui se trouvent aux environs de
Paris, par Sébastien Vaillant.
Leyde et Amsterdam, 1727 ; un
vol. in-fol. avec 33 Planches sur
cuivre, renfermant 355 Figures
en noir, ombrées, bonnes et en
grande partie complètes ; et 2357
Plantes rangées par ordre alphabétique.

Systématique orthodoxe ; In-
venteur, Descripteur, et Déno-
minateur ancien.

On l'a déjà dit, la plupart
des Auteurs se peignent sans le
savoir dans leurs Ouvrages. C'est
ce qu'on remarque sur-tout dans
ceux de *Vaillant*. Ses notes critiques annoncent un caractère
difficile et ombrageux ; mais ce
qu'on ne lui pardonnera jamais,
c'est d'avoir dirigé sa censure avec
une aigreur prononcée contre

son

PAGINATION DECALEE

son maître *Tournefort*, à qui il
avoit de si grandes obligations.

Quelque estimable qu'il soit,
sa gloire comme inventeur seroit
plus pure, si on n'avoit pas ce
reproche à lui faire. Quoi qu'il
en soit de son caractère, on ne
peut lui refuser une grande sagacité dans ses observations, des
vues profondes sur la disposition
méthodique des plantes qu'il
avoit peu à peu rapprochées de
la véritable méthode naturelle,
telle que les modernes l'ont con-
çue. Il avoit très-bien reconnu
que plusieurs Genres de *Tournefort* étoient mal placés, comme
les *Convallaria* qui devoient être
portés dans la Classe des *Liliacées*;
que les Genres trop nombreux
des *Renoncules* de *Tournefort* devoient être divisés en plusieurs,
comme *Ranunculus*, *Alisma*,
Sagittaria, *Myosurus*. Les Genres des Fleurs composées sont
mieux constitués que ceux de
Tournefort, et portent sur des
observations beaucoup plus détaillées.

Contemporain de *Dillen*, il a
le premier, sans avoir eu connoissance de ses recherches sur
les *Cryptogames*, déterminé,
décrit et figuré une multitude de
Mousses inconnues à ses prédécesseurs. On peut même dire
que ses Figures présentant,
grossies à la loupe, les parties
caractéristiques des *Cryptogames*, comme les feuilles, l'urne
et la coiffe, offrent plus de facilité pour reconnoitre les espèces
que celles de *Dillen*. Aussi *de
Haller* qui, de l'aveu de *Linné*,
avoit fait de très-grands progrès
dans la connoissance de ces

Tome V.

plantes obscures, avoue que,
sans les Figures de *Vaillant*,
il n'auroit pas eu le courage
d'étudier avec soin les différentes
espèces de Mousses : *duce Vail-
lantio, in difficillimâ Muscorum
classe, glaciem fregi.*

VAN-ROY. Fl. Leyd. Adriant
Van ROYEN Floræ Leydensis Prodromus, exhibens plantas quæ
in Horto academico Lugduno-
Batavo aluntur. *Lugduni-Batavorum*, 1740; un vol. in-8°,
sans Figures.

*Systématique orthodoxe, et
Dénominateur nouveau.*

Quoique nous n'ayons point
cité cet Ouvrage de *Van-Royen*,
cependant comme *Linné* a adopté
plusieurs de ses phrases spécifiques, et quelques Genres qu'il
a constitués, nous croyons devoir
en faire mention.

Van-Royen, successeur de
Boerrhaave dans la direction du
Jardin de Leyde, avoit beaucoup
connu *Linné* pendant son séjour
en Hollande, et il paroit qu'il
s'étoit familiarisé avec la méthode
de recherche et de nomenclature
de ce Réformateur moderne. Le
Système de *Van-Royen* est après
celui de *Ray*, celui qui peut être
dénommé *Méthode naturelle*.
Nous devons à cet Auteur quelques Genres nouveaux et plusieurs Espèces rares nouvellement introduites dans les jardins
de Hollande, qu'il a signalées par
des phrases caractéristiques, rédigées d'après les lois de la *Phi-
losophia botanica*; et s'il ne les
a point décrites, son Ouvrage
n'étant qu'un *Prodromus*, c'est
qu'il se proposoit de les publier

Y

séparément avec des descriptions détaillées et des Figures.

VESL. *ad Alp.* Joannis Ves-lingii de Plantis Ægyptiis Observationes et Notæ ad Prosperum Alpinum ; un vol. in-4°, imprimé à la suite du *Prosperi Alpini de Plantis Ægypti*, avec 23 Planches sur cuivre, renfermant 23 Figures en noir, ombrées, médiocres et bonnes.

Inventeur.

VENTEN. *Reg. vég.* Tableau du Règne végétal, selon la méthode de *Jussieu*, par C. P. Ventenat, *Paris*, an VII ; quatre vol. in-8°, avec 24 Planches sur cuivre, renfermant 110 Figures de Genres, en noir, ombrées, bonnes.

Systématique orthodoxe ; Inventeur, Descripteur, et Dénominateur nouveau.

Nous devons à cet Auteur une excellente Introduction à la Méthode naturelle de *Jussieu*, et une traduction très-exacte de son *Genera*. Son Ouvrage présente même une amélioration précieuse pour la coordination de la méthode naturelle. Mais ce qui placera *Ventenat* au rang des Botanistes qui ont véritablement reculé les bornes de la science, ce sont les excellentes monographies des nouvelles espèces de plantes des Jardins de Cels, etc. Ses descriptions et ses figures peuvent lutter avec avantage contre les meilleures publiées de nos jours, même contre celles de l'*Héritier*, qui étoient sans contredit les plus parfaites.

VILL. *Hist. des Pl.* Histoire des Plantes du Dauphiné, par Villars, *Grenoble*, 1787 ; trois vol. in-8°, avec 55 Planches sur cuivre, renfermant 225 Figures en noir, ombrées.

Systématique orthodoxe ; Inventeur, Descripteur, et Dénominateur nouveau.

Les hautes Alpes du Dauphiné avoient déjà été parcourues par les plus célèbres Botanistes, les l'*Ecluse*, *Daléchamp*, *Bauhin*, *Ray*, *Barrelier*, *Belleval*, etc. qui avoient indiqué, décrit et fait graver un très-grand nombre de plantes rares propres à ces montagnes. Dès 1769, *Allioni*, *Clapier*, *Liotard*, avoient parcouru avec succès les chaînes des hautes Alpes de cette province, les plus difficiles et les plus escarpées. Les espèces neuves qu'ils avoient découvertes, avoient été communiquées à plusieurs savans Botanistes de la capitale et de Montpellier. *Lamarck* dans sa Flore Françoise, en avoit indiqué un grand nombre qui lui avoient été communiquées par *Liotard* ; mais toutes ces indications réunies ne présentoient point encore la véritable Flore Delphinale. *Villars* en conçut le plan en 1770, et pour le remplir, il eut le courage, favorisé par deux Intendans de la province, de parcourir en véritable observateur, non-seulement toutes les plaines de la vaste province du Dauphiné, mais encore de faire des herborisations suivies et méthodiques non-seulement sur les montagnes qui avoient déjà été visitées par les Botanistes ci-dessus dénommés, mais encore sur plusieurs autres que l'on pouvoit regarder comme vierges. Aidé par les observations analogues du curé

Choix de Gap , il fut en état en 1786 de publier l'*Histoire des Plantes du Dauphiné*. Comme il étoit nourri par la lecture des meilleurs Auteurs, il se proposa dans la rédaction de cet Ouvrage d'imiter la manière des plus célèbres. 1.º Il donna une nouvelle tournure au Système de *Linné* pour se ménager les moyens de conserver le plus grand nombre des Familles naturelles. 2. Étayé par de nouvelles observations, il crut devoir faire quelques réformes à un certain nombre de Genres de cet Auteur. 3.º A l'imitation de *Haller*, il s'efforça de rendre ses descriptions caractéristiques, ne présentant que les attributs propres à chaque espèce. 4.º D'après le plan de *J. Bauhin*, il discuta pour le plus grand nombre des Espèces, et sur-tout pour celles qui lui parurent obscures, la synonymie de ses prédécesseurs. 5.º Ayant rassemblé un très-grand nombre d'individus des Espèces obscures, il crut trouver dans quelques-uns des formes assez différentes pour en constituer de nouvelles Espèces. Enfin, pour compléter son travail, il signala les Espèces utiles ou nuisibles, en indiquant leurs véritables propriétés. Les Espèces très-rares ou qu'il crut nouvelles, furent dessinées par ses soins. Cet Ouvrage fut accueilli avec empressement par tous les Botanistes; et ce qui prouve que l'Auteur a bien rempli son plan, c'est que tous ceux qui ont travaillé après lui, le citent avec éloge. Et si quelques-uns lui ont disputé l'existence réelle de plusieurs de ses Espèces neuves, il n'est pas moins vrai qu'en ne les supposant pas réelles, elles constitueront toujours des variétés qu'il étoit important de signaler, vû qu'elles présentent des attributs assez saillans pour les éloigner plus ou moins du type des Espèces. Nous pouvons même ajouter que des recherches plus suivies et plus minutieuses des plantes qui croissent spontanément dans nos plaines, comparées avec celles des différentes chaînes des hautes montagnes qui leur ressemblent le plus, pourront prouver un jour que telle Espèce des hautes Alpes descendant dans les plaines et s'y naturalisant, acquiert ou perd par l'influence du nouveau climat et du nouveau sol , des attributs qui ont servi jusqu'à présent à constituer les espèces. Cette vérité a déjà été établie d'une manière incontestable par *Ludwig* qui, examinant avec rigueur une foule d'espèces développées dans son jardin à Leipzig, provenant des plantes d'Afrique qu'il avoit cueillies dans leur lieu natal, les trouva tellement changées, même dans les attributs mécaniques, qu'il n'hésita pas d'annoncer que toute figure et description des plantes exotiques faites dans les jardins d'Europe, (ce qui n'est que trop arrivé) donneroit lieu par la suite à la création d'une multitude de prétendues nouvelles Espèces.

VOLK. *Flor. Norimb.* Flora Noribergensis *sive* Catalogus Plantarum in agro Noribergensi tàm spontè nascentium, quàm exoticarum, etc. operà et labore

Joannis — Georgii VOLKAMERII. *Noribergæ*, 1700 ; un vol. in-4°, avec 25 Planches sur cuivre, renfermant 25 Figures en noir, ombrées, bonnes et incomplètes ; et 2203 Plantes rangées par ordre alphabétique.

Inventeur, Descripteur, et Dénominateur ancien.

Les Amateurs recherchent cet Ouvrage non-seulement pour les figures de quelques Plantes exotiques que cet Auteur a le premier fait dessiner, mais encore pour les caractères génériques qu'il a rédigés d'après les premiers Méthodistes, savoir *Hermann*, *Morison*, *Rivin*, *Ray*, etc. En général sa Synonymie est assez exacte.

Z.

ZANN. *Hist.* Jacobi ZANNONII rariorum Stirpium Historia, (édition de Monti). *Bononiæ*, 1742 ; un vol. in-folio, avec 185 Planches sur cuivre, renfermant 211 Figures en noir, ombrées, médiocres et bonnes.

Inventeur, Descripteur, et Dénominateur ancien.

L'Ouvrage de *Zannoni*, publié d'abord en italien, et long-temps après en latin, avec des additions considérables par *Monti*, est devenu nécessaire aux Amateurs, plutôt pour les Plantes rares d'Italie, dont il a donné le premier de bonnes descriptions et d'excellentes figures, que pour les exotiques, dont les dessins lui avoient été fournis par un Missionnaire Capucin, et qui la plupart sont encore aujourd'hui indéterminées.

———————

Auteurs dont les Ouvrages ne sont pas venus à notre connoissance, et dont nous n'avons cité les Figures que d'après Reichard.

† ARDUINI Animadversationum Botanicarum Specimen, etc.

BROWN Plantæ Jamaicenses, etc.

BURMANN Flora Indica, etc. Ejusd. *Gerania*.

EHRET Icones, etc.

GUNNER Flora Norwegica, etc.

MARCG. Brasil. etc.

MARTYN Cent. etc.

RIVIN Monopetala, etc.

SCHAW Afric.

SCHREBER Decad.

WALTHER Hortus.

Nous prévenons les Lecteurs que nous n'avons cité dans notre Table alphabétique des Auteurs de Botanique, que les éditions que nous avons pu vérifier nous-mêmes, notre intention n'ayant point été de publier une bibliothèque Botanique.

Fin de la dixième Table.

TABLE ONZIÈME.

TABLE CHRONOLOGIQUE

Des Auteurs de Botanique cités dans le Système des Plantes.

Noms des Auteurs.	Leur Patrie.	Années de leur Naissance.	Années de leur Mort.	Durée de leur Vie.
Brunsfeld . . .	Allemand. .	. . . . .	1534	. . . .
Tragus.	Allemand. .	1498	1554	56
Matthiole	Italien . . .	1500	1557	57
Fuchs.	Allemand. .	1501	1566	65
Daléchamp . . .	François . .	1513	1588	75
Gesner (Conrad)	Suisse. . . .	1516	1565	49
Dodoens.	Flamand . .	1517	1585	68
Tabernamontanus .	Allemand. .	. . . . .	1590	. . . .
L'Écluse.	Flamand . .	1526	1609	83
Camerarius . . .	Allemand. .	1534	1598	64
Aldrovande. . .	Italien . . .	. . . . .	1605	. . . .
Lobel.	Flamand . .	1538	1616	78
Alpin (Prosper)	Italien . . .	1553	1616	63
Columna.	Italien . . .	1567	1650	83

NOMS des Auteurs.	LEUR Patrie.	ANNÉES de leur Naissance.	ANNÉES de leur Mort.	DURÉE de leur Vie.
BAUHIN (Jean) . .	Né à Lyon, domicilié en Suisse.	1541	1613	72
BAUHIN (Gaspard)	Né en Suisse, originaire de Lyon.	1560	1624	64
BELLEVAL.	François . .	. . . . .	1632	. . . .
PONA	Italien . . .	1594	. . . . .	. . . .
VESLINGIUS. . . .	Allemand. .	1598	1649	51
BARRELIER. . . .	François . .	1606	1673	67
MARCHAND	François . .	. . . . .	1678	. . . .
LOESEL	Prussien . .	1607	. . . . .	. . . .
ZANNONI	Italien . . .	1615	1682	67
VOLKAMER	Allemand. .	1616	1693	77
MORISON	Anglois. . .	1620	1683	63
MENTZEL	Prussien . .	1622	1701	79
MUNTINGIUS. . .	Hollandois.	1626	1683	57
RAI	Anglois. . .	1626	1705	79
RUMPHIUS. . . .	Hollandois.	1627	1706	79
COMMELIN (Jean)	Hollandois.	1629	1692	63
KÆMPFER	Allemand. .	1631	1716	85
MAPPI	Allemand. .	1632	1701	69
DODARD.	François . .	1634	1707	73

NOMS des Auteurs.	LEUR Patrie.	ANNÉES de leur Naissance.	ANNÉES de leur Mort.	DURÉE de leur Vie.
RHEEDE	*Hollandois .*	1635	1691	56
BAEYN	*Flamand, établi en Pologne.*	1637	1697	60
MAGNOL	*François . .*	1638	1715	77.
HERMANN (Paul)	*Saxon. . . .*	1640	1695	55
SCHEUCHZER . . .	*Suisse . . . .*	1641	1738	97
PLUKENET	*Anglois . . .*	1642	. . . . .	. . . .
PLUMIER	*François . .*	1646	1706	60
NISSOLE	*François . .*	1647	1735	88
RIVIN	*Allemand. .*	1652	1723	71
TILLI	*Italien . . .*	1653	1740	87
TOURNEFORT . . .	*François . .*	1656	1708	52
BUXBAUM	*Allemand. .*	. . . . .	1729	. . . .
GARIDEL	*François . .*	1659	1737	78
SLOANE (Hans)	*Anglois. . .*	1660	1752	92
BOCCONE	*Italien . . .*	1663	1704	41
PETIVER	*Anglois. . .*	. . . . .	1718	. . . .
COMMELIN(Gaspar)	*Hollandois .*	1667	1731	64
BOERRHAAVE . . .	*Hollandois .*	1668	1738	70
VAILLANT	*François . .*	1669	1722	53
MICHELL	*Italien . . .*	1679	1737	58

NOMS des Auteurs.	LEUR Patrie.	ANNÉES de leur Naissance.	ANNÉES de leur Mort.	DURÉE de leur Vie.
DILLEN.	Anglois. . .	1684	1747	63
JUSSIEU (Antoine).	François . .	1686	1758	72
CATESBY.	Anglois. . .	. . . .	1749	. . .
TREW.	Allemand. .	1695	. . . .	. . .
JUSSIEU (Bernard)	François . .	1699	1777	78
SCHAW	Allemand. .	. . . .	1752	. . .
DUHAMEL	François . .	1700	1782	82
SEGUIER	François . .	1704	1780	76
VAN–ROYEN . . .	Hollandois.	1704	. . . .	. . .
LINNÉ.	Suédois . . .	1707	1778	70
HALLER.	Suisse. . . .	1708	1777	69
LUDWIG	Allemand. .	1709	1780	71
LINNÉ fils	Suédois . . .	. . . .	1783	45
GMELIN (Jean)	Allemand. .	1709	1775	66
OEDER	Danois . . .	. . . .	1776	. . .
HILL.	Anglois. . .	1712	1780	68
SCHÆFFER	Saxon. . . .	1717	1787	70
DAMBOURNEY . .	François . .	1722	1795	73
SCOPOLI	Allemand. .	1732	1786	54
LAVOURETTE. .	François . .	1729	1793	64

AUTEURS dont nous n'avons pu connoître les années de la naissance et de la mort.

NOMS.	PATRIE.
ALLIONI.	*Piémontais.*
AMMAN	*Russe.*
ARDUIN	. . . . . .
AUBLET	*François.*
BROWN	*Anglois.*
BULLIARD	*François.*
BURMANN	*Hollandois.*
CORNUTUS	*Médecin à Paris.*
CRANTZ	*Allemand.*
DURANDE	*François.*
EHRET.	*Allemand.*
FEUILLÉE	*François.*
FORSKAL.	*Suédois.*
GLEDITSCH. . . .	*Prussien.*
GÆRTNER. . . .	*Suédois.*
GUNNER.	. . . . . .
HASSELQUIST. . .	*Suédois.*
KNORR	*Allemand.*
LEERS.	*Allemand.*
LINDERN.	*Alsacien.*
MARCGRAVE . . .	*Allemand.*
MARTYN.	*Anglois.*
MILLER	*Anglois.*
MONTI.	*Italien.*
MORANDI	*Italien.*
POLLICH.	*Allemand.*
REICHARD. . . .	*Allemand.*
RENÉAULME . . .	*François.*
SABBATI.	*Italien.*
SCHMIDEL	*Allemand.*
SCHREIBER. . . .	*Allemand.*
THAIL.	. . . . . .
WALTHER	. . . . . .

AUTEURS VIVANS.

NOMS.	PATRIE.
BRIDEL.	Genevois.
CAVANILLES. . . .	Espagnol.
DELARBRE.	François.
DESFONTAINES. .	François.
GERARD.	François.
GILIBERT	François.
GISÈRE	Suédais.
GMELIN.	Allemand.
GOUAN	François.
HOFFMANN. . . .	Allemand.
JACQUIN.	Flamand.
JUSSIEU.	François.
LAMARCK	François.
MURRAI.	Suédois.
PEYRILHE. . . .	François.
ROEMER.	Allemand.
ROTH	Allemand.
ROTTBOEL. . . .	Allemand.
SCHREIBER. . . .	Allemand.
SCHKUHR.	Allemand.
THOUIN	François.
THUILLIER. . . .	François.
THUNBERG. . . .	Suédois.
VENTENAT. . . .	François.
VILLARS.	François.

Fin de la onzième Table.

TABLE DOUZIÈME.

TABLE ALPHABÉTIQUE

DES ÉTYMOLOGIES des noms génériques cités dans le Système des Plantes.

A.

'ABRUS, du grec, *mou*, parce que les feuilles sont très-tendres.

'Acæna, synonyme d'*Acanthus*.

'Acalypha, du grec, *qui n'est pas bon à manger*.

Acanthus, du nom du jeune *Acanthe*, dont parle la Fable.

'Acer, ainsi nommé à cause de la dureté de son bois.

'Achillea, du nom d'*Achille*, qui employa la Mille-feuille commune pour guérir une blessure de *Thélèphe*.

'Achras, nom donné par *Dioscoride* au poirier sauvage.

'Achyranthes, du grec, *fleur de paille*, à cause de la couleur des fleurs.

'Acnida. . . . .

Aconitum, ainsi nommé, parce que l'espèce la plus commune croît sur les rochers, ou dans les lieux qui ne sont pas couverts de terre.

'Acorus, grec radical.

Acrostichum, du grec, *rang le plus haut*.

Actæa, de l'Attique qu'on appeloit *Attica*, *Actæa*, ou du roi Acteus, ou du grec, *sureau*, parce que les fruits de l'Actæa sont disposés comme ceux du sureau.

Adansonia, du nom d'un Botaniste françois.

Adelia, du grec, *sans et visible*, à cause de la petitesse des fleurs.

Adenanthera, du grec, *Anthères glanduleuses*.

Adiantum, du grec, *non mouillé*, parce que le capillaire trempé dans l'eau ne prend pas l'humidité.

Adonis, d'*Adonis*, qui, selon la Fable, fut changé en cette plante.

Adoxa, du grec, *sans gloire*.

Ægylops, du grec, *regard de chèvre*. L'espèce ainsi nommée, guérit, suivant *Pline*, l'ægilops, espèce d'abcès formé entre les narines et le grand angle de l'œil, maladie commune parmi les chèvres.

Ægiphila, du grec, *aimé des boucs*.

Ægopodium, du grec, *pied de chèvre*, à cause d'une prétendue ressemblance entre la feuille et le pied d'une chèvre.

Æschynomene, du grec, *pudeur*, parce que les feuilles se ferment lorsqu'on les touche.

Æsculus. . . . .

Æthusa, du grec, *brûlant*, à cause des qualités dangereuses de l'*Æthusa Cynapium*, L.

Agaricus, d'une contrée de la Sarmacie nommée *Agaria* ou *Agaria*, où cette espèce de champignon croissoit abondamment.

Agave, du grec, *admirable*.

Ageratum, du grec, *qui ne vieillit pas*, parce que les espèces de ce genre conservent long-temps leur éclat.

Agrimonia, du latin, *Ager*, parce que l'espèce commune croît dans les champs.

Agrostema, du grec, *couronne des champs*, à cause de la beauté de ses fleurs.

Agrostis, du grec, *champ*.

Agyneia, du grec, *sans femme*, parce que *Linné* croyoit que ce genre étoit dépourvu de style.

Aira, nom donné par les grecs à l'ivraie.

Ajuga, corrompu du latin *abiga*, nom que les anciens donnoient au *Chamæpythis*.

Aizoon, du grec, *toujours et vie*, à cause de la durée de la plante, dont les feuilles sont toujours vertes.

Albuca, dérivé du latin *albus*, blanc.

Alcea, du grec, *remède*.

Alchemilla, ainsi nommé, parce que l'espèce commune étoit très-employée par les alchimistes.

Aldrovanda, du nom d'un Botaniste Italien.

Aletris, du grec, *meûnière*, parce que les fleurs d'une espèce sont blanches, et chargées d'un duvet qui les fait paroître farineuses.

Alisma, grec radical.

Allamanda, du nom d'un Botaniste.

Alliania, du nom d'un Botaniste Piémontois.

Allium, peut-être du grec, *je fuis*, parce que plusieurs personnes craignent son odeur.

Allophyllus, du grec, *feuille*.

Aloë, mot grec dont l'origine est orientale.

Alopecurus, du grec, *queue de renard*, à cause de la forme de son épi.

Alpinia, du nom d'un Botaniste Hollandois.

Alsine, du grec, *forêt*, parce que quelques espèces de ce genre croissent dans les forêts.

Alstroëmeria, du nom d'un Botaniste Suédois.

Althæa, du grec, *médicament*, à cause des vertus de l'esèpce appelée *Althæa officinalis*, L.

Alyssum, du grec, *qui ôte la rage*, à cause des propriétés que les anciens lui attribuoient.

Amaranthus, du grec, *fleur immarcessible*, à cause de sa longue durée.

Amaryllis, nom poétique.

* *Ambrosia*, du grec, *nourriture des dieux*.

Ambrosinia, du nom d'un Botaniste Italien.

Amellus, ainsi nommé, du fleuve Mella, ou parce que sa fleur n'a point de meillier.

Amethystea, dérivé du latin, *amethystinus*, couleur d'améthyste, à cause de la couleur des fleurs.

Ammannia, du nom d'un Botaniste Russe.

Ammi, du grec, *sable*, parce que plusieurs espèces de ce genre croissent dans les lieux arides.

Amomum, nom grec.

Amorpha, du grec, *sans forme*, parce que les fleurs sont dépourvues d'ailes et de carène.

Amygdalus, du grec, *stries*, à cause des stries ou crevasses qu'on remarque sur le noyau ; ou de l'hébreu, *vigilant*, parce que la floraison de l'Amandier annonce le retour du printemps.

Amyris, du grec, *je coule*, à cause du suc résineux qui découle du tronc de plusieurs espèces de ce genre.

Anabasis, du grec, *je monte*, parce que la plante s'élève beaucoup.

Anacardium, du grec, *cœur*, à cause de la forme du fruit.

Anacyclus, du grec, *fleur et circuit*, à cause de la forme des fleurs.

Anagallis, du grec, *hyacinthe*, à cause de la couleur de ses fleurs.

Anagyris, du grec, *avec courbure*, à cause de la forme du fruit et des semences.

Anastatica, du grec, *je suis ressuscité*, parce que la rose de Jérico s'ouvre lorsqu'on l'a plongé dans l'eau.

Anchusa, du grec, *suffoquer*, parce que la décoction de la racine de l'espèce officinale suffoque les cousins.

Andrachne, nom que *Théophraste* donnoit au Portulacca.

Andromeda, nom poétique.

Andropogon, du grec, *barbe de bouc*.

Androsace, du grec, *repos* ou *guérison d'homme*, à cause des vertus médicinales que les anciens lui attribuoient.

Andryala, corrompu selon *Théophraste*, d'*Andrachne*.

Anémone, du grec, *vent* : ou parce que les fleurs des Anémones s'ouvrent à l'époque où les vents soufflent ; ou parce que les Anémones croissent dans les lieux exposés aux vents.

Asethum, du grec, *vaincre*, parce qu'il excite l'appétit ; ou du grec, *courir*, parce que l'Aneth croît promptement.

Angelica, du latin *angelus*, *ange*, à cause des vertus attribuées à l'espèce appelée *Archangelica*.

Anguria, du grec, *vase*, parce que le fruit vidé peut servir à contenir de l'eau ou du vin.

Annona, nom américain.

Anthemis, du grec, *fleur*.

Anthericum, du grec, *fleur*, *épi*.

Anthoceros, du grec, *fleur cornue*.

Antholyza, du grec, *fleur lisse*.

Anthospermum, du grec, *fleur semence*. *Linné* a donné à ce genre le nom d'*Anthospermum*, parce que *Pontedera* avoit pris la fleur non développée pour le fruit.

Anthoxanthum, du grec, *fleur des fleurs*.

Anthyllis, du grec, *fleur velue*.

Antichorus, à cause de son affinité avec le Corchorus.

Antidesma, du grec, *venin et contre*, parce que la plante offre un remède contre la morsure des serpens.

Antirrhinum, du grec, *fleur en nez*, à cause de la forme de ses fleurs, appelées vulgairement mufles de veau.

Aphanes, du grec, *invisible*, à cause de la petitesse des fleurs.

Aphyllanthes, du grec, *fleur sans feuilles*.

Aphyteia. . . . .

Apium, du latin *apex*, *tête*, *sommet*, parce qu'on mettoit sur la tête des vainqueurs aux jeux sacrés, une couronne d'Apium.

Apluda. . . . .

Apocynum, du grec, *chien*, parce que les anciens croyoient qu'il y avoit une espèce d'*Apocyn* qui faisoit mourir les chiens.

Aquartia, du nom d'un Botaniste.

Aquilegia, corrompu d'*Aquilina*, à cause des onglets des pétales, recourbés comme les serres d'un aigle.

Aquilicia, plante connue à l'isle de France, sous le nom de *Bois de source*.

Arabis, du nom de l'Arabie.

Arachis, ainsi nommé, à cause de sa ressemblance avec l'*Arachus*.

Aralia, nom dont l'origine est inconnue.

Arbutus, ainsi nommé, selon quelques Auteurs, parce qu'il croît parmi les arbustes.

Arctium, du grec, *ours*.

Arctopus, du grec, *féroce et pied*, à cause de la ressemblance de la collerette avec les griffes des bêtes féroces.

Arctotis, du grec, *ours*, parce que les semences sont velues comme un ours.

Arduina, du nom d'un Botaniste Italien.

Areca, nom que les habitans du Malabar donnent aux fruits de l'espèce que *Linné* appelle Catechu.

Arenaria, du latin *arena*, *sable*, parce que plusieurs espèces de ce genre croissent dans les lieux sablonneux.

Arethusa, nom emprunté de la Fable.

Aretia, du nom d'un Botaniste Suisse.

Argemone, du grec, *taie*, parce qu'on l'employoit pour dissiper les taies ou pellicules qui se forment sur l'œil.

Aristida, nom donné à une espèce de Graminée.

Aristolochia, du grec, *lochies meilleures*, parce que la première espèce à laquelle on a donné le nom étoit employée dans les lochies.

Arnica, mot barbare, corrompu de *Ptarmica*.

Artedia, du nom d'un Botaniste Suédois.

Artemisia, du nom d'*Artémise* femme de *Mausole*, roi de Carie.

Arum, du grec, *ressemblance* et *pomme de grenade*, parce que l'Arum produit un fruit semblable aux semences de la grenade. *Lobel* veut que *Arum* vienne du nom du pontife *Aaron*.

Arundo, latin radical.

Asarum, du grec, *sans ornemens*, parce que, selon *Pline*, cette plante n'étoit jamais employée à faire des couronnes ou des guirlandes.

Ascyrum, du grec, *sans âpreté*, c'est-à-dire plante sans âpreté, lisse.

Asclepias, du nom d'*Esculape*.

Aspalathus, nom donné par *Dioscoride* au Cytise.

Asparagus, du grec, *non semences*, parce que, suivant *Athenée*, les plus belles asperges ne sont pas celles qui viennent des semences.

Asperugo, du latin *asper, rude*, parce que ses feuilles sont rudes au toucher.

Asperula, du latin *asper, rude*, parce que plusieurs espèces de ce genre sont rudes au toucher.

Asphodelus, du grec, *sceptre*.

Asplenium, du grec, *rate*, ainsi nommé à cause des propriétés qu'on attribuoit aux espèces de ce genre.

Aster, du grec, *étoile*, à cause de la forme de la fleur.

Astragalus, du grec, *os du talon* ou *vertèbre*.

Astrantia, du latin *aster*, *étoile*, parce que les feuillets de la collerette sont disposés en étoile.

Astronium, du grec, *astre*, à cause de la forme du calice dont les feuillets sont disposés en étoile.

Athamanta, du nom de l'inventeur ou d'une montagne de Thessalie.

Athanasia, du grec, *immortalité*, à cause de la durée de ses fleurs.

Atractylis, du grec, *fuseau* ou *quenouille*, parce que les tiges de quelques espèces de ce genre servoient à faire des fuseaux.

Atragene, nom que *Dioscoride* donnoit au Clématis.

Atraphaxis, nom donné par *Dioscoride* à l'Atriplex.

Atriplex, nom dérivé du grec *Atraphaxis*.

Atropa, du nom d'*Atropos*, une des trois parques.

Avena, du latin *aveo*, desirer avec ardeur, parce que les bestiaux aiment beaucoup l'avoine.

Averrhoa, du nom d'un Médecin Arabe.

Avicennia, du nom d'un Médecin Arabe.

Axyris. . . . .

Ayenia, du nom d'un François.

Azalea, du grec, *sec*, parce que l'espèce nommée *Azalea procumbens*, L. croît dans les lieux secs.

B.

Baccharis, du nom de *Bacchus*.

Bæckea, du nom d'un Botaniste qui avoit donné des plantes à *Linné*.

Ballota, du grec, *oreille*, parce qu'on l'employoit pour guérir les maux d'oreilles invétérés.

Baltimora, du nom d'une ville du Mariland.

Banisteria, du nom d'un Botaniste Anglois.

Barleria, du nom d'un Botaniste François.

Bartsia, du nom d'un Botaniste.

Basella, nom que les habitans du Malabar donnent à une espèce de ce genre.

Basia, du nom d'un Botaniste Italien.

Batis, synonyme du *Crithmum*.

Bauhinia, du nom de *Jean* et de *Gaspard Bauhin*.

Befaria, nom d'homme?

Begonia, du nom d'un Intendant de la marine Françoise.

Bellis, ainsi nommé à raison de la couleur de ses fleurs, comme si l'on disoit belle fleur.

Bellium, du nom de *Bellis*.

Bellonia, du nom d'un Naturaliste François.

Berberis, mot barbare, indien d'origine.

Bergera, du nom d'un Botaniste Allemand.

Bergia. . . . .

Besleria, du nom d'un Pharmacien.

Beta, latin radical.

Betonica, corrompu de *vetanica*, nom d'un peuple qui passoit pour avoir découvert cette plante.

Betula, on donne différentes étymologies de ce nom, qu'on croit être d'origine Celte.

Bidens, du latin, *à deux dents*, à cause de la forme des semences, terminées dans la plupart des espèces par deux dents.

Bignonia, du nom de l'abbé *Bignon*.

Biscutella, ainsi nommé à cause de la forme du fruit à double écusson.

Bisserula, ainsi nommé à cause des gousses dentées à dents de scie sur les deux bords.

Bixa, nom américain.

Blæria, du nom d'un Botaniste Anglois.

Blackea, du nom d'un Botaniste Anglois.

Blasia, du nom d'un Botaniste Italien.

Blechnum, du grec, *insensé*, parce que la plante est sans vertus.

Blitum, d'un mot grec qui désigne l'insipidité des espèces connues de ce genre.

Bobartia, du nom d'un Botaniste Anglois.

Bocconia, du nom d'un Botaniste Italien.

Boerrhaavia,

Boerrhaavia, du nom d'un Botaniste Hollandois.

Boletus, d'un mot oriental, qui signifie *prominere*, être élevé, parce qu'il croit sur les arbres.

Bombax, du grec, *bombyx*, ver à soie, à cause du duvet qui entoure les semences.

Bontia, du nom d'un Botaniste Hollandois.

Borasus, nom donné par les anciens au fruit du *Dattier* enveloppé par sa collerette.

Borbonia, du nom de *Gaston* fils d'*Henri IV*.

Borrago, de *corrago*, parce qu'elle fortifie le cœur, ou de *bovago*, à cause des feuilles qui par leur rudesse imitent la langue du bœuf.

Bosea, du nom d'un sénateur de Leipzig, qui possédoit un jardin de Botanique.

Brabeium, du grec, *sceptre*, à cause de la disposition des rameaux qui forment en s'élevant une pyramide.

Brassica, du grec, *dévorer*, parce que les Anciens faisoient grand usage des Choux pour leur nourriture.

Briza, du grec, *dormir*, parce le pain fait avec sa farine fait dormir.

Bromelia, du nom d'un Botaniste Suédois.

Bromus, du grec, *nourriture*.

Brossœa, du nom d'un Botaniste François.

Browallia, du nom d'un Botaniste Suédois.

Brownea, du nom d'un Botaniste Anglois.

Brunsfelsia, du nom d'un Botaniste Allemand.

Brunia, du nom d'un voyageur Hollandois.

Bryonia, du grec, *pousser abondamment*, parce que la *Bryone* jette une grande quantité de tiges.

Bryum, du grec, *germer*.

Bubon, du grec, *aine*, parce qu'on employoit l'espèce connue sous le nom de *Bubon Macedonicum*, L. pour guérir l'inflammation de cette partie du corps.

Buchnera, du nom d'un Botaniste.

Bucida, du grec, *corne*, à cause de la forme du fruit.

Buddleïa, du nom d'un Botaniste Anglois.

Buffonia, du nom de l'immortel *Buffon*, et non pas comme on l'a écrit, de *Bufo*, crapaud, parce que, ajoute-t-on, la *Buffonia tenuifolia*, L. croît dans les lieux marécageux. Nous observerons que la *Buffonia* est une plante de la famille des *Caryophyllées*, qui croît dans les lieux secs et arides, et que *Sauvages*, qui a décrit le premier ce genre, l'avoit dédié à *Buffon*.

Bulbocodium, du grec, *bulbe-laine*, parce que sa racine est velue.

Bunias, du grec, *cou*, parce que sa racine a la forme d'un cou.

Bunium, du grec, *mamelle*, à cause de la forme de la racine.

Buphthalmum, du grec, *œil de bœuf*, à cause de la forme de ses fleurs.

Tome V.

Z

Bupleurum, du grec, *côte de bœuf*, à cause de la roideur des feuilles de quelques espèces de ce genre.

Burmannia, du nom d'un Botaniste Hollandois.

Bursera, du nom d'un Botaniste Allemand.

Butomus, du grec, *bœuf*, *couper*, parce que les feuilles de cette plante qui sont aiguës, blessent la langue des bœufs qui en mangent.

Buttneria, du nom d'un Hollandois.

Buxbaumia, du nom d'un Botaniste Allemand.

Buxus, corrompu du grec *Puxos*, nom par lequel *Théophraste* désignoit la même plante.

Byssus, nom oriental adopté par les grecs et les latins.

C.

CACALIA, du grec, *dessécher*, à cause des propriétés de l'espèce à laquelle on a donné ce nom; ou peut-être du grec, *ignoble*, à cause du peu de valeur de la plante ainsi nommée.

Cachrys, du grec, *je brûle*, à raison de la causticité des semences.

Cactus, du grec, *je me retire*, parce que la plupart des espèces qui sont épineuses, font reculer les personnes qui les touchent ; ou du grec, *je brûle*, parce qu'elle pique et occasionne des démangeaisons.

Cœanothus, nom donné par *Théophraste* à une espèce de chardon.

Cœsalpina, du nom d'un Botaniste Italien.

Calamus, du latin, *roseau*.

Calceolaria, du latin, *calceolus*, *petit-soulier*, à cause de la forme de la lèvre inférieure de la corolle.

Calea, du grec, *beau*.

Calendula, ainsi nommé, parce que l'espèce la plus commune fleurit à toutes les calendes.

Calla, étymologie douteuse.

Callicarpa, du grec, *beau fruit*.

Calligonum, du grec, *beaux genoux*, à cause des nodosités de la tige et des rameaux.

Callisia, étymologie douteuse.

Callitriche, du grec, *belle chevelure*.

Calophyllum, du grec, *beau feuillage*.

Caltha, corrompu du latin *calathus*, *coupe* ou *calice*, à cause de la forme des fleurs.

Calycanthus, du grec, *calice et fleur*, à cause de la couleur des segmens du calice qui ressemblent à des pétales.

Cambogia, nom de pays.

Camellia, du nom d'un Jésuite qui a décrit plusieurs plantes des isles Philippines.

Cameria, du nom d'un Botaniste Allemand.

Campanula, du latin, *petite cloche*, à cause de la forme de la corolle.

Camphorosma, ainsi nommé à cause de son odeur camphrée.

Canarina, du nom des isles Canaries.

Canarium, nom du Malabar.

Canna, d'un mot grec dérivé de l'hébreu *Caneh*, qui signifie *Roseau*.

Cannabis, du grec, *bois grêle*, parce que les tiges de Chanvre desséchées, sont légères en comparaison des tiges des autres plantes.

Capparis, nom arabe, adopté par les grecs.

Capraria, ainsi nommé, parce que les chèvres recherchent l'espèce nommée *biflora*.

Capura. . . . .

Capsicum, du grec, *je mords*, à cause de la saveur poivrée et brûlante des semences; ou du latin *capsa*, parce que les semences sont enfermées dans une espèce d'étui.

Cardamine, ainsi nommé parce que la saveur de la plupart des espèces se rapproche de celle du *Cresson*.

Cardiospermum, du grec, *semence en cœur*, à cause de la cicatrice en forme de cœur qui se trouve à la base de l'ombilic des semences.

Carduus, latin radical.

Carex, du grec, *couper*, parce que les angles de la tige sont aigus dans quelques espèces.

Carica, de la *Carie*, nom de pays.

Carissa, nom dérivé peut-être du mot *carandras*, par lequel les Indiens désignent une espèce de ce genre.

Carlina, du latin *Carolina* et *Carolus*, parce que la *Carline* fut employée du temps de Charlemagne contre la peste.

Carpesium, peut-être du grec, *fruit*.

Carpinus, latin radical.

Carthamus, du grec, *purger*, à cause de la propriété des semences.

Carum, ainsi nommé, selon quelques Auteurs, parce que la plante qui constitue ce genre abonde dans la Carie.

Caryophyllus, du grec, *feuille de noix*.

Caryocar. . . . .

Caryota, nom donné par *Dioscoride* aux Dattes sèches.

Cassia, nom obscur, hébreu d'origine ?

Cassine, nom des Sauvages de l'isle de la Floride.

Cassyta, nom donné par *Rumphius* à une plante parasite ressemblant à la *Cuscute*.

Catananche, du grec, *au besoin*, parce que les femmes de la Thessalie s'en servoient dans leurs enchantemens.

Catesbœa, du nom d'un Botaniste Anglois.

Caturus, ainsi nommé parce que l'épi a la forme d'une queue de chat.

Caucalis, du grec, *tige couchée*.

Cecropia, du nom d'un roi d'Athènes.

Cedrela, du latin, *Cedrus*, à cause de la résine aromatique que produit l'espèce qui constitue ce genre.

Celastrus, nom donné par *Théophraste* à un arbre toujours vert.

Celosia, de *cœlum*, ou *planta celestis*; ou du latin, *celare*, *cacher*, parce que les *Célosies* cultivées dans des pots et placées sur les fenêtres, interceptent une partie du jour.

Celsia, du nom d'un savant Suédois.

Celtis, grec obscur, ou d'un peuple chez lequel croissoit abondamment l'espèce nommée *Celtis Orientalis*, L.

Cenchrus, nom donné par les Anciens au *Milium*.

Centaurea, du nom du Centaure *Chiron*, qui se guérit d'une blessure avec une espèce de ce genre.

Centella, du grec, *je stimule*.

Centunculus, nom que les Anciens avoient donné à une espèce de *Clématite*.

Cephalanthus, du grec, *fleur en tête*.

Cerastium, du grec, *cornu*, à cause de la forme de la capsule.

Ceratocarpus, du grec, *fruit cornu*.

Ceratonia, du grec, *gousse cornue*.

Ceratophyllum, du grec, *feuille cornue*.

Cerbera, nom emprunté de la Fable.

Cercis, nom employé par *Théophraste* pour désigner l'*Arbre de Judée*.

Cerinthe, du grec, *cire*, parceque sa fleur est de couleur de cire; ou parce que l'on a cru que les espèces de ce genre fournissoient aux abeilles la matière de leur cire.

Ceropegia, du grec, *candélabre*, parce que dans plusieurs espèces, la disposition des fruits imite un candélabre.

Cestrum, du grec, *maillet*, à cause de la forme des filamens des étamines.

Chœrophyllum, du grec, *feuille gaie*, à cause de la beauté du feuillage.

Chalcas, nom emprunté de la Fable.

Chamœrops, du grec, *arbrisseau petit*.

Chara, du grec, *joie* ou *plaisir*, ainsi nommé parce que les espèces de ce genre se plaisent dans l'eau, et y croissent abondamment.

Cheiranthus, de l'arabe, *Keiri*, *Giroflée* ou *Violette blanche*; et du grec, *anthos*, *fleur*.

Chelidonium, du grec, *hirondelle*, parce que la Chélidoine fleurit à l'époque où les hirondelles arrivent.

Chelone, du grec, *tortue*.

Chenopodium, du grec, *pattes d'oie*.

Cherleria, du nom d'un Botaniste Suisse.

Chiococca, du grec, *neige*, *graine*, parce que les fruits de

Chiococca recemosa, L. sont blancs comme la neige.

Chionanthus, du grec, *fleur de neige*.

Chironia, du nom du centaure *Chiron*.

Chlora, du grec, *jaune*, à cause de la couleur des fleurs.

Chondrilla, du grec, *grumeau*, parce que le suc laiteux qui découle du *Condrilla jancea*, L. se grumelle facilement.

Chrysanthemum, du grec, *fleur d'or*.

Chrysitrix. . . . .

Chrysobalanus, du grec, *gland doré*, à cause de la couleur des fruits.

Chrysocoma, du grec, *chevelure d'or*.

Chrysogonum, du grec, *semence dorée*.

Chrysophyllum, du grec, *feuille d'or*.

Chrysosplenium, du grec, *orate*; ou plante à fleur d'or, et propre à guérir les maladies de la rate.

Cicca. . . . .

Cicer, du grec, *force*.

Cichorium, mot égyptien adopté par les Grecs, passé ensuite chez les autres nations, qui signifie *je trouve*, parce que la Chicorée se trouve par-tout.

Cicuta, nom par lequel les Anciens désignoient les entrenœuds d'une canne, ou une flûte, un chalumeau.

Cimifuga, du latin, *chasse-punaise*.

Cinchona, du nom du comte de

Chinçon vice-roi du *Pérou*, sous le règne duquel la vertu du *Quinquina* fut découverte.

Cineraria, du latin, *cinis*, cendre, à cause de la couleur des feuilles de quelques espèces de ce genre.

Cinna. . . . . . .

Circæa, du nom de la magicienne *Circée*.

Cissampelos, du grec, *Lierre*, parce qu'il grimpe sur les murailles et les arbres.

Cissus, nom que les Grecs donnoient au *Lierre*.

Cistus, grec radical.

Citharexylon, du grec, *bois de guitare*.

Citrus, mot africain adopté par les Latins.

Clathrus, du grec, *grille*.

Clavaria, du latin, *clava*, massue, à cause de la forme de quelques espèces.

Claytonia, du nom d'un Botaniste Anglois.

Clematis, du grec, *petite vigne*, parce que plusieurs espèces sont sarmenteuses.

Cleome, nom qu'*Octave Horace* donnoit à une plante qui ressembloit au *Sinapi*.

Cleonia, étymologie obscure.

Clerodendrum, du grec, *arbre heureux*.

Clethra, du grec, *Aulne*, parce que ses feuilles ressemblent à celles de cet arbre.

Clibadium. . . . . .

Cliffortia, du nom d'un Hollandois, propriétaire d'un riche jardin de Botanique, dont

Linné a décrit les plantes dans le superbe Ouvrage qui porte le nom d'*Hortus Cliffortianus.*

Clinopodium, du grec, *pied de lit.*

Clitoria, ainsi nommé à cause d'une espèce de ressemblance de la fleur avec une partie des organes de la génération de la femme.

Clusia, du nom d'un Botaniste Flammand.

Clutia, du nom d'un Botaniste Hollandois.

Clypeola, du latin, *petit bouclier,* à cause de la forme du fruit.

Cneorum, du grec, *mordant,* à cause de la saveur des feuilles.

Cnicus, du grec, *jaune,* à cause de la couleur des fleurs dans quelques espèces.

Coccoluba, du grec, *semence lobée.*

Cochlearia, du latin, *cochlear, cuiller,* à cause de la forme des feuilles de l'espèce nommée *Cochlearia officinalis,* L.

Cocos, nom indien.

Codon, étymologie douteuse.

Coffea, nom arabe.

Coïx, nom d'un Palmier chez les Anciens.

Colchicum, du nom de la Colchide, où cette plante croissoit abondamment.

Coldenia, du nom d'un Botaniste.

Collinsonia, du nom d'un membre de la Société royale de Londres.

Columnea, du nom d'un Botaniste Italien.

Colutea, du grec, *mutiler.*

Comarum, nom donné par *Pline* à une espèce d'Arbousier.

Cometes, peut être du grec, *ceint.*

Combretum, du grec, *orné, vêtu,* parce que les semences sont hérissées de poils.

Commelina, du nom d'un Botaniste Hollandois.

Comocladia. . . . . .

Conferva, nom de *Pline.*

Conium, du grec, *je rends presque aveugle,* à cause des effets que produit la *Ciguë,* sur les personnes qui en mangent.

Connarus. . . . . .

Conocarpus, du grec, *semence en cône,* à cause de la forme du fruit.

Convallaria, ainsi nommé, parce qu'on trouve quelques espèces de ce genre dans les vallées.

Convolvulus, ainsi nommé, parce que plusieurs espèces de ce genre se roulent autour des corps qui les avoisinent.

Conyza, du grec, *gâle, démangeaison,* parce que les Anciens se servoient de l'espèce à laquelle on a donné ce nom, pour guérir la gâle.

Copaïfera, ainsi nommé, parce que la plante qui constitue ce genre produit le baume de Copahu.

Corcorus, du latin, *cor,* parce que son fruit a la forme d'un cœur.

Cordia, du nom d'un Botaniste Allemand.

Coreopsis, du grec, *figure de punaise,* à cause de la forme des semences.

Coriandrum, du grec, *punaise*, parce que les semences ont avant leur maturité l'odeur de cet insecte.

Coriaria, du latin, *corium*, *cuir*, à cause de l'usage qu'on fait de cette plante dans la prépararation des cuirs.

Coris, du grec, *punaise*, à cause de la forme des semences.

Corispermum, du grec, *semence*, *punaise*, parce que les semences ressemblent à une punaise.

Cornucopiæ, ainsi nommé à cause de la forme du calice.

Cornus, du latin, *cornu*, à cause de la dureté du bois.

Cornutia, du nom d'un Botaniste François.

Coronilla, du latin, *corona*, à cause de la disposition des fleurs.

Corrigiola, du grec, *je purge*, parce que la tige qui est rampante, étouffe les herbes qu'elle rencontre; ou du latin, *corrigia*, *courroie*, *attache*.

Cortusa, du nom d'un Botaniste de Padoue.

Corylus, du grec, *noix*.

Corymbium, de corymbe, à cause de la disposition des fleurs.

Corypha, du latin, *faîte*.

Costus, nom arabe?

Cotula, diminutif de *Cota*, nom que les Anciens donnoient à une espèce d'*Anthemis*.

Cotyledon, du grec, *cavité*, à cause de la forme des feuilles dans quelques espèces.

Crambe, du grec, *sec*, *aride*, parce que l'espèce connue sous le nom de *Crambe maritima*, L. croit dans les lieux sablonneux.

Cranialaria, du mot *crane*, à cause de la forme du fruit.

Crassula, du latin, *crassus*, *épais*, à cause de la nature des feuilles qui sont succulentes.

Cratægus, du grec, *force*, à cause de la dureté du bois.

Cratæva, du nom d'un Médecin Grec.

Crepis, du grec, *chaussure*.

Cressa, ainsi nommé, parce que l'espèce qui constitue ce genre croit abondamment dans l'isle de Crète.

Crescentia, du nom d'un Agriculteur Italien.

Crinum, nom que les Grecs donnoient au *Lis*.

Crithmum, nom de *Dioscoride*.

Crocus, nom poétique selon quelques Auteurs.

Crotalaria, du grec, *instrument qui fait du bruit*, parce que les rameaux chargés de gousses qui font du bruit lorsqu'on les agite, servent d'amusement aux enfans.

Croton, synonyme du *Ricinus* dans *Dioscoride*.

Crucianella, dérivé du latin, *crux*, parce que ses feuilles sont disposées en croix.

Cruzita, nom espagnol.

Cucubalus, du grec, *mauvaise blessure*, parce que l'espèce connue des Anciens étoit employée contre la morsure des serpens.

Z 4

Cucumis, du latin, *curvus*, courbé, à cause de la forme du fruit.

Cucurbita, même étymologie que *Cucumis*.

Cuminum, du grec, *je conçois*, parce que l'espèce qui constitue ce genre étoit employée dans les accouchemens ; ou d'une montagne de l'Étrurie, où elle croit spontanément.

Cunila, du nom d'une ville où cette plante avoit été découverte, selon quelques-uns ; ou selon d'autres, de la forme des fleurs qui ressemblent par leur disposition à une espèce de cône.

Cunonia, du nom d'un Danois.

Cupania, du nom d'un Botaniste qui a décrit les Plantes de Sicile.

Cupressus, du grec, *j'engendre également*, parce que le Cyprès produit des rameaux égaux.

Curatella. . . . .

Curcuma, pour *crocea*, à cause de la ressemblance de sa couleur avec le Safran.

Cuscuta, du latin, *réseau*, parce que la Cuscute enveloppe les plantes.

Cyanella, du grec, *bleu*, à cause de la couleur de la fleur.

Cycas, nom donné par *Théophraste* à une espèce de Palmier.

Cyclamen, du grec, *cercle*, à cause de la figure arrondie de la racine.

Cymbaria, ainsi nommé, à cause de la capsule qui s'ouvre en deux parties semblables à une nacelle.

Cynanchum, du grec, *étrangle-chien*.

Cynara, ainsi nommé à cause de la couleur cendrée des feuilles ; ou du grec *chien*, parce que les écailles épineuses qui terminent les écailles du calice, ressemblent aux crocs d'un chien.

Cynoglossum, du grec, *langue de chien*, à cause de la forme des feuilles.

Cynometra, du grec, *matrice de chien*, à cause de la forme du fruit.

Cynomorium, ainsi nommé à cause de sa ressemblance avec les parties de la génération du chien.

Cynosurus, du grec, *queue de chien*, à cause de la forme de son épi.

Cyperus, du grec, *vase*, ainsi nommé à cause de la forme de la racine.

Cypripedium, du grec, *chaussure de Vénus*.

Cyrilla, du nom d'un Botaniste Napolitain.

Cytinus, nom sous lequel les Anciens désignoient les fleurs du Grenadier.

Cytisus, du nom d'une isle de l'Archipel.

D.

DACTYLIS, du grec, *digital*, parce que les divisions du panicule imitent l'expansion de la main.

Daïs. . . . . .

Dalechampia, du nom d'un Botaniste François.

Daphne, nom que les Grecs donnoient au Laurier.

Datisca, synonyme du Catananche dans Dioscoride.

Datura, mot turc d'origine. Aux Indes, les femmes lascives font prendre à leurs maris les semences des Endormies, pour les exciter à l'amour.

Daucus, du grec, je brûle, parce que les semences du Daucus Carotta sont échauffantes.

Decumaria, ainsi nommé à raison du nombre des parties de la fructification.

Delphinium, du grec, Dauphin.

Delima, de lime, à cause de la rudesse des feuilles dentées à dents de scie, dont on se sert à Ceylan pour polir les meubles.

Dentaria, du latin, dens, dent, à cause de la forme de la racine.

Dialium, synonyme de l'Héliotrope chez les Anciens.

Dianthera, du grec, deux anthères.

Dianthus, du grec, fleur de Jupiter.

Diapensia, nom ancien et insignifiant.

Dictamnus, du nom de Dicta, montagne de Crète où cette plante croit abondamment.

Digitalis, ainsi nommé parce que la fleur a quelque ressemblance avec un dé à coudre.

Dillenia, du nom d'un Botaniste Anglois.

Diodia, ainsi nommé peut-être à cause du nombre des feuillets du calice.

Dionæa, surnom de Vénus.

Dioscorea, du nom d'un Botaniste Grec.

Diosma, du grec, odeur des Dieux, à cause de l'odeur suave que répandent toutes les parties de la plante.

Diospyros, du grec, blé de Jupiter.

Dipsacus, du grec, ayant soif, ainsi nommé parce que les eaux des pluies se ramassent dans la cavité des feuilles qui embrassent la tige.

Dirca, du grec, source, parce que la plante à laquelle on donne ce nom, croit dans les lieux humides et marécageux.

Disandra, du grec, doule, mari, à cause du nombre des étamines qui varie.

Dodartia, du nom d'un Botaniste François.

Dodecatheon, du grec, douze Divinités, à cause du nombre de ses fleurs qui sont inclinées au sommet de la hampe.

Dodonæa, du nom d'un Botaniste Flamand.

Dolichos, du grec, long, à cause de la longueur de la gousse ou des espèces de ce genre.

Doronicum, de l'arabe, poison de léopard.

Dorstenia, du nom d'un Botaniste Allemand.

Draba, du grec, âcre, à cause de sa saveur.

Dracæna, de Draco, nom que

L'Écluse a donné le premier à l'espèce qui fournit le *Sang-dragon*.

Dracocephalum, du grec, *tête de dragon*.

Dracontium, du latin, *draco*. Les Anciens donnoient ce nom à une espèce d'*Arum*.

Drosera, du grec, *couvert de rosée*, à cause des glandes transparentes qui surmontent les poils dont les feuilles sont hérissées, et qui ressemblent à des gouttes d'eau.

Dryas, du grec, *Chêne*, à cause d'une espèce de ressemblance des feuilles du *Dryas octopetala*, L. avec celles du *Chêne*.

Drypis, du grec, *je déchire*, à cause des épines dont la plante est armée.

Duranta, du nom d'un Botaniste Italien.

Durio, nom du Malabar.

E.

Ebenus, de l'hébreu, *pierre*, à cause de la dureté du bois.

Echinophora, du grec, *porte-épine*, à cause des feuillets de la collerette qui sont piquans.

Echinops, du grec, *hérisson*.

Echites, du grec, *vipère*.

Echium, du grec, *vipère*, à cause d'une espèce de ressemblance des semences de l'espèce vulgaire avec la tête d'une vipère.

Eclipta, ainsi nommé, à cause des fleurs droites et environnées de poils, qui imitent le soleil lorsqu'il est éclipsé.

Ehretia, du nom d'un peintre Anglois.

Elæagnus, du grec, *parent de l'Olivier*.

Elæocarpus, du grec, *fruit d'Olivier*.

Elaïs, ainsi nommé parce qu'on retire de l'huile de son fruit.

Elate, nom grec, par lequel *Théophraste* désigne le spathe qui enveloppe la fructification du *Dattier*.

Elaterium, du grec, *je chasse*, à raison de l'élasticité avec laquelle s'ouvrent les battans du fruit.

Elatine, nom donné par les Anciens à une espèce de *Véronique*.

Elephantopus, du grec, *pied d'éléphant*, à cause de la forme des feuilles inférieures dans une espèce.

Ellisia, du nom d'un Naturaliste Anglois.

Elymus, du grec, *marais*, parce que les espèces de ce genre croissent dans les marais; ou du grec, *collerette*, parce que les semences sont enveloppées par une collerette.

Empetrum, du grec, *parmi les rochers*, parce que l'espèce à laquelle les Anciens donnoient ce nom croissoit dans les lieux pierreux.

Ephedra, du grec, *reposer*, parce qu'une espèce de ce genre est grimpante.

Epidendrum, du grec, *arbre parasite*.

Epigea, du grec, *sur terre*,

parce que cet arbrisseau est rampant.

Epilobium, du grec, *violette sur une silique.*

Epimedium, du grec, *feuille, trois*, à cause du nombre des feuilles.

Equisetum, du latin, *queue de cheval.*

Eranthemum, du grec, *printemps, fleur*, à cause du moment où elle fleurit.

Erica, du grec, *désert*, parce que les espèces de ce genre croissent dans les déserts; ou du grec, *briser*, parce que l'on attribuoit à la décoction de l'espèce ordinaire, la vertu de dissoudre le calcul de la vessie.

Erigeron, du grec, *vieillard, printemps*, parce que la fleur qui passe promptement est remplacée par des aigrettes blanches.

Erinus, nom grec que *Linné* a substitué à celui d'*ageratum*, qui appartient à plusieurs plantes; ou selon quelques Auteurs, du grec, *laine*, parce que l'espèce nommée *Erinus Africanus* est toute velue.

Eriocaulon, du grec, *tige laineuse.*

Eriocephalus, du grec, *tête laineuse.*

Eriophorum, du grec, *porte-laine.*

Erithalis, du grec, *fleur printanière.*

Ervum, du grec, *je mange* et *bœuf*, parce que les Bœufs recherchent les Lentilles.

Eryngium, du grec, *poil de bœuf*, à cause des piquans dont plusieurs parties de cette plante sont armées.

Erysimum, du grec, *échauffant* ou *estimé*, à cause de ses vertus.

Erythrina, du grec, *rouge*, à cause de la couleur des fleurs.

Erythronium, du grec, *dent de chien*, à cause de la forme de la racine.

Erythroxylon, du grec, *bois rouge.*

Ethulia. . . . .

Euclea, étymologie obscure.

Eugenia, du nom du prince *Eugène.*

Evolvulus, ainsi nommé à raison de sa ressemblance avec le *Convolvulus.*

Evonymus, du grec, *bon* et *nom*, dénomination ironique, parce que le *Fusain* est nuisible aux bestiaux.

Eupatorium, du nom de *Mithridate* roi de Pont, surnommé *Eupator.*

Euphorbia, du nom d'un Médecin de Juba, roi de Mauritanie.

Euphrasia, du grec, *joie.*

Exacum, peut-être du grec, *j'apporte du remède*, à cause des vertus attribuées aux espèces qui constituent ce genre.

Excoecaria, nom donné par *Rumphius* à un arbre dont le bois, lorsqu'on le brûle, produit une fumée dangereuse pour les yeux.

F.

Fagara, nom arabe.

Fagonia, du nom d'un Botaniste François.

Fagus, du grec, *je mange*, parce que l'on peut se nourrir de son fruit.

Ferraria, du nom d'un Botaniste de Sienne.

Ferula, du latin, *ferire*, frapper, parce qu'on châtioit les enfans avec les tiges de Férule.

Festuca, du latin, *fœnum*, parce que plusieurs espèces de ce genre fournissent un bon fourrage.

Fevillea, du nom d'un Botaniste François.

Ficus, de l'hébreu, *Figuier*.

Filago, herbe filamenteuse ou cotonneuse.

Flagellaria, ainsi nommé, à cause de la forme de la tige et des feuilles.

Fontinalis, du latin, *fons*, fontaine.

Forskoëhlea, du nom d'un Botaniste Suédois.

Fothergilla, du nom d'un Médecin Anglois.

Fragaria, du latin, *fragare*, à cause de l'odeur des Fraises.

Frankenia, du nom d'un Botaniste Suédois.

Fraxinus, peut-être du grec, *cloison*, parce qu'on se sert quelquefois du Frêne pour faire des clôtures de haies.

Fritillaria, du latin, *fritillus*, cornet à jouer aux dés, à cause des taches carrées dont la corolle est parsemée, et qui re- présentent en quelque sorte un damier.

Fuchsia, du nom d'un Botaniste Allemand.

Fucus, d'un nom grec adopté par les latins, qui désigne une plante marine employée à la teinture.

Fumaria, ainsi nommé, parce que son suc produit sur les yeux les mêmes effets que la fumée ; ou parce qu'on emploie l'espèce commune contre le larmoiement des yeux.

Fusanus, ainsi nommé, parce que son bois est employé à faire des fuseaux.

G.

Galanthus, du grec, *fleur de lait*, à cause de sa blancheur.

Galax, étymologie douteuse.

Galega, nom italien.

Galenia, du nom d'un Médecin Romain.

Galeopsis, du grec, *figure de belette*, à cause de la forme des fleurs.

Galium, du grec, *lait*, parce que ses feuilles ont la propriété de coaguler le lait.

Garcinia, du nom d'un Botaniste Anglois.

Gardenia, du nom d'un Botaniste Anglois.

Garidella, du nom d'un Botaniste François.

Gaultheria, du nom d'un Botaniste François, qui exerçoit la médecine dans le Canada.

Gaura, peut-être du grec, *superbe*, à cause de la beauté de la fleur.

Gaurea. . . . .

Genipa , nom de pays.

Genista , du latin , *genu* , genoux , parce que les branches sont pliantes.

Gentiana , du nom de *Gentius* roi d'Illyrie.

Geoffræa , du nom d'un Médecin François.

Geranium , du grec , *grue* , à cause de la forme du fruit.

Gerardia , du nom d'un Botaniste Anglois.

Geropogon , du grec , *barbe de vieillard*.

Gesneria , du nom d'un Botaniste Suisse.

Gethyllis , nom que les grecs donnoient au Poireau.

Geum , nom employé par *Pline* , dont l'origine est obscure.

Ginkgo. . . .

Ginora , du nom d'un Allemand.

Giseckia , du nom d'un Botaniste Suédois.

Glabraria , nom de *Rumphius*.

Gladiolus , du latin , *petit glaive* , *petite épée* , à cause de la forme des feuilles.

Glaux , du grec , *lac* , *lait* , à cause des vertus qu'on lui attribuoit ; ou du grec , *bleu* , à raison de sa couleur.

Glechoma , nom grec qui désigne le Pouliot.

Gleditschia , du nom d'un Botaniste Allemand.

Glinus , nom donné à l'Érable des champs.

Globba , nom Indien.

Globularia , du latin , *globus* , *boule* , à cause de la disposition des fleurs.

Gloriosa , ainsi nommé , à cause de la beauté de sa fleur.

Gluta , ainsi nommé , parce que les pétales sont agglutinés par leur base au réceptacle.

Glycine , du grec , *doux*.

Glycyrrhiza , du grec , *racine douce*.

Gmelina , du nom d'un Botaniste Allemand.

Gnaphalium , du grec , *duvet* , parce que la plupart des espèces de ce genre sont cotonneuses.

Gnetum , nom de *Rumphius*.

Gnidia , peut-être du grec , *piquer* , à cause des feuilles qui dans quelques espèces sont en alène.

Gomphrena , du grec , *pointe* , à cause des paillettes aiguës qui sont placées entre chaque fleur.

Gordonia , du nom d'un Anglois.

Gorteria , du nom d'un Botaniste, médecin de l'impératrice des Russies.

Gossypium , nom grec emprunté des Égyptiens, qui les premiers ont cultivé le *Coton*.

Gouania , du nom d'un Botaniste François.

Gratiola , du latin , *gratia* , *faveur* , à cause de ses vertus purgatives.

Grewia , du nom d'un Anglois, qui a écrit sur l'anatomie des Plantes.

Grias , du grec , *commestible* , parce que les fruits du *Grias* marinés, connus sous le nom de *Poires-d'Anchois*, sont servis sur table au dessert.

Gricum. . . . .

Cristea, du nom d'un Botaniste Portugais.

Gronovia, du nom d'un Botaniste Hollandois.

Guaiacum, nom Américain.

Guettarda, du nom d'un Botaniste François.

Guilandina, du nom d'un professeur de Botanique à Padoue.

Gundelia, du nom d'un Botaniste Allemand (*Gundelsheimer*,) qui accompagna *Tournefort* dans son voyage du Levant.

Gunnera, du nom d'un Botaniste Danois.

Gustavia, du nom d'un roi de Suède.

Gypsophila, du grec, *plâtre*, parce que quelques espèces de ce genre croissent sur les murs.

H.

Hæmanthus, du grec, *fleur de sang*, à cause de sa couleur.

Hæmatoxylum, du grec, *bois sanguin*.

Halesia, du nom d'un Botaniste et Physicien Anglois.

Halleria, du nom du célèbre *Haller*.

Hamamelis, nom que les Anciens donnoient à une espèce de *Néflier*.

Hamellia, du nom de l'Auteur de la Physique des Arbres, etc.

Hasselquistia, du nom d'un Botaniste Suédois.

Hebenstreitia, du nom d'un Naturaliste, professeur de Médecine à Leipzig.

Hedera, du latin, *adherere*, parce que le *Lierre* grimpe et s'attache aux corps qu'il rencontre.

Hedyotis, du grec, *douce oreille.*

Hedysarum, du grec, *odeur douce*, à cause de l'odeur des fleurs de l'*H. coronarium*, L.

Heisteria, du nom d'un Botaniste Allemand.

Helenium, du nom de la femme de *Ménélas*, roi de Sparte, parce que, selon la Fable, la plante que les Grecs nommoient *Helenium*, naquit de ses larmes. ¤

Helianthus, du grec, *fleur du soleil.*

Heliconia, ainsi nommé du Mont-Hélicon.

Helicteres, du grec, *spirale*, à cause des coques roulées en spirale.

Heliocarpos, du grec, *soleil, semence*, à cause de la forme du fruit, garni de rayons qui imitent un petit soleil.

Heliophila. . . . .

Heliotropium, du grec, *je tourne vers le soleil.*

Helleborus, peut-être du grec, *herbe meurtrière.*

Helonias, du grec, *marais*, parce que la plante qui constitue ce genre croît dans les marais.

Helvella, du latin, *menues herbes*, ou *petits légumes*; diminutif d'*Olus.*

Hemerocallis, du grec, *beauté d'un jour*, à cause du peu de durée de ses fleurs.

Hemionitis, du grec, *moitié âne ou mulet*, parce que les mulets recherchent les espèces de ce genre.

Heracleum, du nom du père d'*Hippocrate*.

Hermannia, du nom d'un Botaniste Hollandois.

Hermas. . . . .

Hernandia, du nom d'un Botaniste Espagnol.

Herniaria, ainsi nommé à cause des vertus qu'on attribue aux espèces de ce genre.

Hesperis, du grec, *soir*, à cause du parfum des fleurs, plus sensible la nuit que durant le jour.

Heuchera, du nom d'un Botaniste Allemand.

Hibiscus, nom grec radical, par lequel on désignoit une espèce de manne ligneuse.

Hieracium, du grec, *épervier*.

Hillia, du nom d'un Botaniste Anglois.

Hippia. . . . .

Hippocratea, du nom du père de la Médecine.

Hippocrepis, du grec, *fer à cheval*, à cause de la forme de la gousse.

Hippomane, du grec, *cheval* et *fureur*.

Hippophaë, du grec, *splendeur du cheval*, parce que la gomme que fournit cet arbrisseau étoit employée dans l'art vétérinaire.

Hippuris, du grec, *queue de cheval*.

Hiræa, du nom d'un peintre.

Hirtella, ainsi nommé, à cause des poils dont la tige est hérissée.

Holcus, du grec, *tirer*, parce qu'on lui attribuoit la propriété de faire sortir les pailles ou corps étrangers qui seroient entrés dans quelques parties du corps ; ou du grec, *mou*, parce que les épis des espèces de ce genre sont mous.

Holosteum, du grec, *tout os* ou *tout osseux*.

Hopea, du nom d'un Botaniste Écossois.

Hordeum, du latin, *horreo*, parce que les épis sont hérissés d'arêtes rudes au toucher.

Horminum, du grec, *porté avec impétuosité*, parce qu'on disoit que cette plante excitoit à l'amour.

Hottonia, du nom d'un Botaniste Hollandois.

Houstonia, du nom d'un Botaniste Hollandois.

Hudsonia, du nom d'un Botaniste Anglois.

Hugonia, du nom d'un Médecin Allemand.

Humulus, du latin, *humus*, *sol humide*, parce que le Houblon croît dans les terrains arrosés par les débordemens des eaux.

Hura, nom de pays.

Hyacinthus, nom propre très-connu dans la Fable.

Hydnum, du grec, *sens obscur*.

Hydrangea, du grec, *eau*, *vase*.

Hydrastis, du nom d'une Américaine.

Hydrocharis, du grec, *ornement de l'eau.*

Hydrocotyle, du grec *écuelle d'eau*, à cause de la forme des feuilles de l'espèce nommée *Hydrocotyle vulgaris*, L.

Hydrolea, nom de *Loëfling.*

Hydrophyllum, du grec, *feuille d'eau.*

Hymenæa, nom poétique.

Hyobanche, peut-être du grec, *cochon, j'étrangle*, comme si on disoit plante nuisible aux cochons.

Hyoscyamus, du grec, *fève de cochon.*

Hyoseris, du grec, *laitue de cochon.*

Hypecoum, du grec, *je résonne*, parce que l'on entend remuer les semences en agitant la silique.

Hypericum, nom grec.

Hypnum, nom donné par les grecs à une espèce de mousse.

Hypochæris, du grec, *sous, cochon*, parce que les tiges de la plupart des espèces sont hérissées de poils rudes.

Hypoxis, du grec, *presque aigu*, à cause de la forme des feuilles.

Hyssopus, de l'hébreu, *ezob*, qui désigne une plante sacrée dont on se servoit dans les ablutions pour asperger.

I.

Iberis, du nom d'*Ibérie*, ou croissoit une espèce de ce genre.

Illecebrum, du latin, *illicere, attirer.*

Ilex, de l'hébreu, *chêne.*

Illicium, du latin, *illicere, attirer*, à cause de l'odeur agréable qu'exhalent les capsules.

Impatiens, ainsi nommé, à cause de l'élasticité avec laquelle s'ouvrent les panneaux du fruit, lorsqu'on les touche.

Imperatoria, du latin, *imperare*, à cause des vertus attribuées à l'espèce qui constitue ce genre.

Indigofera, ainsi nommé, parce que l'espèce nommé *indigofera tinctoria*, L. fournit l'Indigo.

Inula, peut-être d'*Helenium.*

Ipomæca, du grec, *semblable au Liseron.*

Iresine, du grec, *laine*, parce que les semences sont enveloppées d'un duvet ou laine très-fine.

Iris, ainsi nommé, parce que la couleur des fleurs de quelques espèces imite celles de l'arc-en-ciel; peut-être du grec, *violette*, parce que les fleurs de quelques espèces teignent en bleu.

Isatis, du grec, *j'aplanis*, parce qu'on employoit le Pastel pour dissiper les tumeurs.

Ischæmum, du grec, *je réprime* et *sang*, à cause de ses propriétés pour étancher le sang.

Isnardia, du nom d'un Botaniste François.

Isoëtes, du grec.

Isopyrum, du grec, *semblable au Froment.*

Itea,

Itea, nom que les Grecs donnoient au *Saule*.

Iva, corrompu d'*Ajuga*.

Ixia, du grec, *glu*, parce qu'on en trouvoit souvent autour de la racine de la plante à laquelle on donnoit ce nom.

Ixora, du nom d'une divinité du Malabar.

J.

JACQUINIA, du nom d'un Botaniste Flamand.

Jambolifera. . . . .

Jasione, nom donné par les Grecs à une espèce de *Campanule*.

Jasminum, mot turc.

Jatropha, du grec, *médicament* et *je mange*.

Juglans, *gland de Jupiter*.

Juncus, peut-être du latin, *jungere*, *joindre*, à cause de ses usages.

Jungermannia, nom d'un Botaniste Allemand.

Juniperus, du latin, *juvenis* et *pario*, parce que le *Genevrier* porte de nouveaux fruits pendant que les anciens mûrissent.

Jussiæa, du nom des *Jussieu*.

Justicia, du nom d'un Botaniste Écossois.

K.

KALMIA, du nom d'un Botaniste Suédois.

Kæmpferia, du nom d'un célèbre Voyageur.

Kiggelaria, du nom d'un Botaniste Hollandois.

Kleinhovia, du nom du directeur du jardin de Botanique de Java.

Knautia, du nom d'un Botaniste Allemand.

Knotia, du nom d'un Botaniste Allemand.

Koënigia, du nom d'un Botaniste Allemand.

Krameria, du nom d'un Botaniste Allemand.

Kuhnia, du nom d'un Botaniste Allemand.

L.

LACHNÆA, du grec, *laine*, parce que dans la première espèce connue, les groupes des fleurs sont entourés d'une laine blanchâtre.

Lactuca, du latin, *lac*, *lait*, à cause de la couleur du suc propre qui découle des espèces de ce genre.

Lætia. . . .

Lagerstroëmia, du nom d'un Suédois.

Lagoëcia, du grec, *lièvre* et *gîte*, parce que les lièvres établissent leur gîte dans les lieux où croît cette plante.

Lagurus, du grec, *queue de lièvre*, à cause de la forme de son épi.

Lamium, du grec, *gueule*, à cause de la forme de ses fleurs.

Lantana, synonyme de *Viburnum* chez les Anciens.

Lapsana, du grec, *évacuer*, parce que l'espèce commune lâche le ventre.

Laserpitium, du grec, *déchirer*, parce qu'il découle des incisions qu'on fait à la tige, un suc gommeux appelé *laser*.

Lathræa, du grec, *clandestine*.

Lathyrus, du grec, *cacher*, parce que l'étendard recouvre les ailes et la carène.

Lavandula, du latin, *lavare*, *laver*, parce qu'on l'employoit dans les bains.

Lavatera, du nom d'un Médecin Suisse.

Laugeria, du nom du premier professeur de Botanique au Jardin des Plantes à Vienne en Autriche.

Laurus, du latin radical, ou peut-être de *laus*, *louange*, parce qu'une couronne de Laurier étoit la récompense des belles actions chez les Romains.

Lawsonia, du nom d'un Naturaliste Écossois.

Lechea, du nom d'un Botaniste Suédois.

Lecythis, du grec, *vase*, à cause de la forme du fruit.

Ledum, nom donné par *Dioscoride* à une espèce de *Ciste*.

Leea, du nom d'un Anglois.

Lemna, du grec, *écaille*.

Leontice, du grec, *pied de lion*, à cause de la forme des feuilles.

Leontodon, du grec, *dent de lion*, à cause de la forme des feuilles.

Leonurus, du grec, *queue de lion*, à cause des anneaux nombreux qui forment l'épi.

Lepidium, du grec, *écaille*, parce qu'on employoit la *Pas-*serage commune pour dissiper les écailles ou taches de rousseur qui viennent sur le visage.

Lerchea, du nom d'un Botaniste.

Leucoïum, du grec, *Violette blanche*.

Leysera, du nom d'un Botaniste Allemand.

Lichen, ainsi nommé parce que les Anciens l'employoient dans les maladies de la peau, nommées *Lichenes*.

Ligusticum, ainsi nommé de la Ligurie.

Ligustrum, ainsi nommé de la Ligurie, où cet arbrisseau croissoit abondamment.

Lilium, latin radical.

Limeum, du grec, *peste*, *contagion*.

Limodorum, du grec, *présent de la faim*.

Limonia, du grec, *pré et verdure*, à cause de la couleur des feuilles, ou à cause de son affinité avec les *Limons* de *Tournefort*.

Limosella, du latin, *limus*, *limon*, parce que la *Limoselle* croit dans les endroits fangeux.

Linconia. . . . .

Lindernia, du nom d'un Botaniste Allemand.

Linnæa, du nom de l'immortel *Linné*.

Linum, du grec, *je liens*, à cause des usages auxquels on employoit le lin; ou du grec, *lisse*, parce que les semences sont parfaitement unies.

Lipparia, du grec, *éclatant*, à cause de la couleur des feuilles.

presque toujours soyeuses ou argentées.

Lippia, du nom d'un Botaniste Italien.

Liquidambar, *ambre* ou *baume liquide*.

Liriodendrum, du grec, *Lis*, *arbre*, à cause de la forme des fleurs.

Lisianthus, du grec, *fleur qui dissout*.

Lithospermum, du grec, *pierre*, *semence*, à cause de la dureté des noix qui renferment les semences.

Littorella, du latin, *litus*, *rivage*, parce l'espèce qui constitue ce genre croit sur le bord des eaux.

Lobelia, du nom d'un Botaniste Flamand.

Loeflingia, du nom d'un Botaniste Suédois.

Loeselia, du nom d'un Botaniste Prussien.

Lolium, de l'allemand *Lülch*.

Lonchitis, du grec, *lance* ou *pique*, à cause de la forme des pinnules des feuilles.

Lonicera, du nom d'un Botaniste.

Loosa. . . . .

Loranthus, du grec, *lanière*, *fleur*, parce que la fleur est découpée en lanières dans plusieurs espèces de ce genre.

Lotus, du grec, *je desire*, parce que les bestiaux recherchent les espèces de ce genre.

Ludwigia, du nom d'un Botaniste Allemand.

Lunaria, du latin, *luna*, à cause de la forme du fruit.

Lupinus, du latin, *lupus*, *loup*.

Lychnis, du grec, *lampe*, parce que les tiges et les feuilles de l'espèce connue des Anciens, étoient employées pour former des mèches.

Lycium, du nom de la Lycie, où croissoit la première espèce connue.

Lycoperdon, du grec, *Vesce de loup*.

Lycopodium, du grec, *pied de loup*.

Lycopsis, du grec, *figure de loup*, à cause des poils dont les feuilles et la tige sont hérissées, et qui imitent une peau de loup.

Lycopus, du grec, *pied de loup*.

Lygœum, du grec, *j'entrelace*, parce que l'on emploie en Espagne les chaumes de cette plante pour faire des corbeilles, des nattes, etc.

Lysimachia, du nom d'un roi de Sicile ou de Macédoine, selon Pline.

Lythrum, du grec, *sang*, à cause de la couleur des fleurs.

M.

Machocnemum, du grec, *grand* et *jambes*, à cause de la longueur des pédoncules.

Magnolia, du nom d'un Botaniste François.

Mahernia, du nom d'un Botaniste Allemand.

Malachra, du grec, *mou*, à cause de la vertu émolliente des espèces de ce genre, ou du peu de dureté de leur bois.

Malope, nom par lequel on désignoit une espèce de manne.

Malpighia, du nom d'un Botaniste Italien.

Malva, du grec, *j'amollis*, parce que plusieurs espèces sont employées comme émollientes.

Mammea, nom Américain.

Mannetia, du nom d'un Botaniste Italien.

Mangifera, qui porte le *Manga*, nom que les Malais donnent au fruit du *Manga*.

Manisuris, ainsi nommé, à cause de la forme de la plante qui ressemble à une queue de rat.

Manuela, ainsi nommé, à cause de l'écartement des divisions du limbe de la corolle, qui imite en quelque sorte les doigts de la main.

Maranta, du nom d'un Botaniste Italien.

Marchantia, du nom d'un Botaniste François.

Marcgravia, du nom d'un Botaniste Allemand.

Marrubium, de l'hébreu, *suc amer*.

Marsilea, du nom d'un Botaniste Italien.

Martynia, du nom d'un Naturaliste Anglois.

Matricaria, ainsi nommé, à cause de ses vertus médicinales.

Matthiola, du nom d'un Botaniste Italien.

Medeola, du latin, *medere*, *guérir*, à cause de ses vertus médicinales.

Medicago, ainsi nommé, parce

que la semence de la *Luzerne* ordinaire a été apportée de la Médie.

Melaleuca, du grec, *noir et blanc*, à cause de la couleur du tronc du *M. Leucadendra*, L.

Melampodium, du grec, *noir et pied*, à cause de la couleur de la racine.

Melampyrum, du grec, *blé noir*, à cause de la forme des semences qui sont noires, et qui ressemblent à un grain de froment.

Melanthium, synonyme du *Nigella*.

Melastoma, du grec, *bouche noire*, parce que les fruits noircissent la bouche de ceux qui en mangent.

Melia, nom donné par les Anciens au *Frêne*.

Melianthus, du grec, *miel*, *fleur*, à cause de la liqueur mielleuse contenue dans le segment inférieur du calice.

Melica, du grec, *Meline*, nom que *Théophraste* donnoit au *Panicum*; ou du latin, *Milium*, parce qu'il imite le panicule du *Millet*.

Melicocca, du grec, *fruit mielleux*, à cause de la saveur de la pulpe des fruits.

Melissa, du grec, *abeille*, parce que l'*abeille* recherche la fleur de la *Mélisse*.

Melittis, synonyme de *Mélisse*.

Melochia, nom arabe.

Melothria, nom que les Anciens donnoient à la *Bryone*.

Memecylon, ...

Menaïs, nom donné par *Pline* à une plante dont on se servoit contre la morsure des serpens.

Menispermum, du grec, *lune*, *semence*, à cause de la forme des semences.

Mentha, nom emprunté de la Fable.

Mentzelia, du nom d'un Botaniste Prussien.

Menyanthes, du grec, *fleur des mois*.

Mercurialis, nom emprunté de la Fable.

Mesembryanthemum, du grec, *fleur de midi*, à cause de l'heure où s'épanouissent les fleurs de la plupart des espèces de ce genre.

Mespilus, grec radical.

Messerschmidia, du nom d'un Botaniste Polonois.

Mesua, du nom d'un Médecin Arabe.

Michelia, du nom d'un Botaniste Italien.

Micropus, du grec, *petit pied*.

Milium, du latin, *mille*, à cause du nombre de ses semences.

Milleria, du nom d'un Botaniste Anglois.

Mimosa, du latin, *mimus*.

Mimulus, nom de *Pline*.

Mimusops, du grec, *face*, *et singe*, à cause de la forme des fleurs.

Minuartia, du nom d'un Botaniste Espagnol.

Mirabilis, ainsi nommé, à cause de la variété des couleurs que présentent les fleurs sur la même tige.

Mitchella, du nom d'un Naturaliste Anglois.

Mitella, *petite mitre*, à cause de la forme du fruit.

Mnium, nom grec qui signifie *Mousse*.

Moëhringia, du nom d'un Botaniste Allemand.

Molluga, du latin, *mollis*, à cause de la texture molle de la plante.

Mollucella, du nom des isles Moluques.

Momordica, du latin, *mordere*, à cause de la forme des semences rongées et comme mordues dans quelques espèces.

Monarda, du nom d'un Botaniste Espagnol.

Monnieria, du nom d'un Botaniste François.

Monotropa, du grec, *je tourne seul*, à cause de la disposition des fleurs tournées d'un seul côté.

Monsonia, du nom d'une Angloise.

Montia, du nom d'un Botaniste Italien.

Moræa, du nom d'un Voyageur en Portugal ?

Morina, du nom d'un Médecin François.

Morinda, de *Morus* et *Inda*, *Mûrier d'Inde*, à cause de la ressemblance du fruit avec celui du *Mûrier*.

Morisonia, du nom d'un Botaniste Ecossois.

A a ҁ

Morus, du grec, *Morea*, Mûrier.

Mucors, du latin, *mucere*, se corrompre, et peut-être du grec, *mephitis*, ainsi nommé à cause de la mauvaise odeur qu'il répand.

Muenchausia, du nom d'un Naturaliste Allemand.

Muntingia, du nom d'un Botaniste Hollandois.

Murraya, du nom d'un Botaniste Allemand.

Musa, de *Musa* Médecin d'Auguste, selon quelques Auteurs.

Mussœnda, nom Indien.

Myagrum, du grec, *attrape-mouche*.

Myginda, du nom d'un Voyageur Allemand.

Myosotis, du grec, *oreille de souris*, à cause de la forme des feuilles.

Myosurus, du grec, *queue de rat*, à cause de la forme du réceptacle.

Myrica, nom que les Grecs donnoient au *Tamarisque*.

Myriophyllum, du grec, *feuilles très-nombreuses*.

Myrsine, nom que *Théophraste* donnoit au *Myrte*.

Myrtus, de l'arabe ou du grec, *parfum*.

N.

Naias, nom poëtique.

Nama. . . . .

Napœa, du grec, *bois*, ou de *Napée* Nymphe des bois.

Narcissus, nom propre, très-connu dans la Fable.

Nardus, mot arabe et hébreu, adopté par les grecs et les latins.

Nauclea. . . . .

Nepeathes, nom donné par *Homère* à un breuvage que formoit *Hélène* pour dissiper les soucis de son époux.

Nepeta, nom d'une ville d'Italie, selon les uns; et selon d'autres, de ce qu'on l'emploie utilement contre la morsure du scorpion.

Nephelium. . . . .

Nerium, du grec, *humide*, parce que le *Laurier-rose* croît autour des eaux.

Neurada, du grec, *nerf*, à cause du fruit qui est hérissé d'épines.

Nicotiana, du nom de *Nicot*, ambassadeur en Portugal, qui en 1559 fit passer en France les semences du *Tabac*.

Nigella, dérivé de *niger*, *noir*, à cause de la couleur noire des semences.

Nigrina, ainsi nommé, parce que la plante qui constitue ce genre, noircit par la dessication.

Nissolia, du nom d'un Botaniste François.

Nitraria, ainsi nommé à cause du nitre que cette plante contient.

Nolana, du latin, *nola*, *sonnette*.

Nyctantes du grec, *Fleur de nuit*, parce que les fleurs de l'espèce appelée *Arbor tristis*, s'ouvrent pendant la nuit.

Nymphœa, ainsi nommé parce que le *Nénuphar* croît dans les eaux.

Nyssa, nom emprunté de la Mythologie.

O.

Obolaria, du latin, *obolus*, à cause de la petitesse et de la forme de ses feuilles.

Ochna, étymologie obscure.

Ocymum, du grec, *prompt*. parce que ses semences lèvent promptement.

Oedera, du nom d'un Botaniste Danois.

OEnanthe, du grec, *fleur de vigne*, parce que les fleurs ont en quelque sorte l'odeur et la couleur de celles de la vigne ; ou plutôt parce qu'elles s'épanouissent au moment de la floraison de la vigne.

OEnothera, nom donné par *Théophraste* à une plante de cette famille.

Oldenlandia, du nom d'un Botaniste Danois.

Olea, nom latin dérivé du grec.

Olyra, nom donné par *Théophraste* à une plante graminée.

Omphalea, du grec, *centre, mari*, à cause de la disposition des anthères.

Onoclea, du grec, *âne, gloire*.

Ononis, du grec, *âne*, parce que les ânes recherchent l'arrête-bœuf ordinaire.

Onopordum, du grec, *pet d'âne*.

Onosma, du grec, *odeur d'âne*.

Ophiorrhiza, du grec, *racine de serpent*.

Ophioglossum, du grec, *langue de serpent*.

Ophioxylon, du grec, *bois et serpent*, à cause de ses vertus contre la morsure des serpens.

Ophira, ...

Ophrys, du grec, *sourcil*.

Orchis, du grec, *testicule*, à cause des deux tubercules de la racine.

Origanum, du grec, *joie des montagnes*.

Ornithogalum, du grec, *lait d'oiseau*.

Ornithopus, du grec, *pied d'oiseau*, à cause de la forme de la gousse.

Orobanche, du grec, *étrangle-orobe*.

Orobus, du grec, *nourriture des bœufs*.

Orontium, du grec, *montagne*, à cause de son climat natal).

Ortegia, du nom d'un Botaniste Espagnol.

Oryza, mot arabe et chaldéen, devenu commun à toutes les langues de l'Europe.

Osbeckia, du nom d'un Botaniste Suédois.

Osmites, du grec, *odeur*, à cause de l'odeur de la fleur.

Osmunda, nom allemand; ou du latin *osmundare*, *nettoyer la bouche*.

Osteospermum, du grec, *semence osseuse*.

Osyris, du grec, *branchu ou rameux*.

Othonna, mot africain qui signifie *herbe découpée*.

Ovieda, du nom d'un Espagnol qui a fait connoître plusieurs Plantes d'Amérique dans son

Histoire générale des Indes Orientales.

Oxalis, du grec, *acide*.

P.

Paederia, du grec, *aimé des enfans*.

Paederota, nom générique substitué par *Linné* à celui de *Bonarota*, membre de l'Académie de Florence, auquel on avoit consacré ce genre.

Panax, du grec, *remède souverain*, à cause de ses vertus médicinales.

Pancratium, du grec, *toute-puissance*, à cause des vertus qu'on lui attribuoit.

Panicum, du latin, *panis*, parce que sa graine peut servir à faire du pain.

Papaver, du latin, *papa*, *bouillie* qui servoit à nourrir les enfans, et dans laquelle on mêloit autrefois la semence du *Pavot*.

Parietaria, du latin, *paries*, parce que l'espèce nommée *officinale*, croît sur ou contre les murailles.

Paris, du nom de *Pâris* fils de *Priam*, qui connut cette plante et la mit en usage. Selon quelques Auteurs, du latin, *par*, *pair en tout*, parce qu'elle a quatre pétales, huit étamines, quatre feuilles, etc.

Parkinsonia, du nom d'un Botaniste Anglois.

Parnassia, du Mont-Parnasse, où croissoit cette plante selon *Dioscoride*.

Parthenium, du grec, *vierge*, parce que la plante à laquelle les Anciens donnoient ce nom, étoit employée dans certaines maladies auxquelles les filles sont sujettes.

Paspalum, nom donné par *Théophrastre* au *Millet*.

Passerina, du latin, *passer*, *moineau*, parce que le fruit représente en quelque sorte la tête d'un moineau.

Passiflora, *Fleur de la passion*, ainsi nommée à cause d'une espèce de ressemblance dans les différentes parties de la fleur, avec les instrumens de la passion de *Jésus-Christ*.

Pastinaca, du latin, *pascere*, parce que la racine est employée comme nourriture.

Patagonula. . . . .

Pavetta, nom que les habitans de l'isle de Zeylan donnent à un arbrisseau.

Paullinia, du nom d'un Botaniste Danois.

Pectis, du grec, *peigne*, à cause des cils qui bordent les feuilles de la première espèce connue.

Pedalium, peut-être du latin, *pedalis*, à cause de la grandeur de l'espèce connue qui s'élève à un pied.

Pedicularis, *Herbe aux poux*, à cause de la vertu qu'on lui attribuoit pour détruire cette sorte de vermine.

Peganum, nom que les Anciens donnoient à la *Rue*.

Peltaria, du latin, *pelta*, *bouclier*, à cause de la forme du fruit.

Penæa, du nom d'un Botaniste Anglois.

Pentapetes, ainsi nommé à cause du nombre des loges de la capsule.

Pentorum, du grec, *cinq bornes*, à cause de la forme du fruit.

Peplis, ainsi nommé à cause de sa ressemblance avec le *Pourpier*.

Perdicium, synonyme d'*Helxine*.

Pergularia, du latin, *pergula*, *treille*, à cause de sa tige grimpante.

Perilla, du nom d'une fille, selon *Ovide*.

Periploca, du grec, *autour*, *lien*, parce que la tige se roule autour des plantes et des corps qu'elle rencontre.

Petesia. . . . .

Petiveria, du nom d'un Botaniste Anglois.

Petrea, du nom d'un Anglois.

Peucedanum, du grec, *Pin*, parce que les feuilles des espèces de ce genre ont quelque ressemblance avec celles du *Pin*.

Peziza, du grec, *soutenu sur un pied*.

Phaca, nom que les Grecs donnoient à la *Lentille*.

Phalaris, du grec, *blanchâtre*.

Phallus, d'un nom grec qui désigne l'organe mâle des animaux.

Pharnaceum, du nom d'un roi de Pont.

Pharus, ainsi nommé de la forme de la fleur qui imite une lanterne.

Phascum, nom donné par les Grecs à une petite mousse qui croît sur les *Mousses*.

Phaseolus, du latin, *phaselus*, *petit navire*, à cause de la forme des semences.

Phellandrium, du grec, *Liège mâle*.

Philadelphus, du nom de Ptolomée roi d'Égypte, surnommé *Philadelphe*.

Phillyrea, de *Phillyra* mère de *Chiron*, ou de *Phillyrius* qui avoit découvert cette plante.

Phleum, du grec, *abondant*, à cause de sa fécondité.

Phlomis, du grec, *brûler*, parce qu'on s'en servoit, dit-on, pour faire des mèches.

Phlox, du grec, *flamme*, à cause de la couleur des fleurs.

Phœnix, du nom de l'oiseau de la Fable nommé *Phénix*. *Kempfer* observe que c'est le *Dattier* qui a donné naissance à l'Histoire du *Phénix* de la Fable.

Phryma, ...

Phylica, nom que *Théophraste* donnoit à l'*Alaterne*.

Phyllanthus, du grec, *feuille*, *fleur*, à cause de la disposition des fleurs aux aisselles des feuilles.

Phyllis, du grec, *feuille*, parce que la beauté de cette plante consiste principalement dans son feuillage.

Physalis, du grec, *vessie*, à cause du calice qui est enflé.

Phyteuma, du grec, *engendrer*, à cause des vertus qu'on lui attribuoit.

Phytolacca, du grec, *plante*,

et de *lacca*, *laque*, à cause de ses baies dont on peut retirer une couleur qui approche de la laque.

Picris, du grec, *amer*, à cause de l'amertume de la plante.

Pilularia, du mot latin *pilula*, *pilule*, ainsi nommé à cause de la forme des fruits.

Pimpinella, corrompu de *bipinnula*, à *deux ailes*, parce que les folioles sont disposées sur deux rangs.

Pinguicula, du latin, *pinguis*, *gras*, parce que ses feuilles sont grasses au toucher.

Pinus, l'étymologie de ce nom est douteuse.

Piper, nom indien, adopté par les grecs et les latins.

Piscidia, ainsi nommé parce que les feuilles et les branches écrasées et jetées dans l'eau, enivrent le poisson.

Pisonia, du nom d'un Botaniste Hollandois.

Pistacia, étymologie obscure.

Pistia, du grec, *fossé*, à cause du lieu où croît l'espèce qui constitue ce genre.

Pisum, de la ville de *Pise*; ou du grec, *tomber*, parce que les tiges de plusieurs espèces tombent lorsqu'elles ne sont pas appuyées.

Plantago, du latin, *planta*, *plante*.

Platanus, du grec, *ample*, *large*, à cause de la largeur des feuilles.

Plectronia, peut-être du grec, *fermé*, parce que l'orifice du calice est fermé par cinq écailles velues.

Plinia, du nom d'un Naturaliste Romain.

Plukenetia, du nom d'un Botaniste Anglois.

Plumbago, du latin, *plumbus*, *plomb*, à raison de la couleur des feuilles de l'espèce appelée *Europæa*.

Plumeria, du nom d'un Botaniste François.

Poa, du grec, *herbe* ou *pâturage*, parce que plusieurs espèces de ce genre fournissent un bon pâturage.

Pæonia, du nom *Pæon* qui, selon *Homère*, guérit avec une espèce de ce genre une blessure qu'*Hercule* avoit faite à *Pluton*.

Podophyllum, du grec, *semblable à un pied de canard*, à cause de la forme des feuilles.

Poinciana, du nom d'un gouverneur des Antilles.

Polemonium, du grec, *beaucoup* et *seul*, parce que l'espèce commune a plusieurs folioles qui ne forment qu'une seule feuille. *Pline* le fait dériver de *guerre*, et prétend que deux princes qui vouloient chacun avoir découvert cette plante, se firent la guerre à ce sujet.

Polyanthes, du grec, *plusieurs fleurs*.

Polycarpon, du grec, *plusieurs fruits*.

Polycnemum, du grec, à *plusieurs jambes*, à cause des articulations de la tige.

Polygala, du grec, *beaucoup de lait*, parce que, dit-on, les vaches qui broutent cette plante donnent beaucoup de lait.

Polygonum, du grec, *plusieurs genoux*, à cause des articulations de la tige.

Polymnia, nom poétique.

Polypodium, du grec, *plusieurs pieds*.

Polypremum, du grec, *plusieurs pieds*, à cause du nombre de ses tiges.

Polytrichum, du grec, *beaucoup de cheveux*, à raison de sa coiffe qui est très-velue.

Pontederia, du nom d'un Botaniste Italien.

Populus, du grec, *beaucoup*, à cause de la grande quantité de feuilles que portent les Peupliers.

Porana. . . . .

Porella, ainsi nommé, parce que la capsule s'ouvre sur les côtés par plusieurs pores.

Portlandia, du nom d'un Anglois.

Portulaca, du grec, *cochon*, parce que l'espèce commune sert de nourriture à ces animaux.

Potamogeton, du grec, *voisin des fleuves*.

Potentilla, du latin, *potentia*, *puissance*, à cause des vertus attribuées aux *Potentilla Anserina* et *reptans*, L.

Poterium, du grec, *coupe*, à cause de la forme du calice.

Pothos, étymologie douteuse.

Prasium, peut-être du grec, *al-lumer*, parce que la plante est échauffante.

Premna, du grec, *trone*.

Prenanthes, du grec, *fleur penchée*.

Primula, du latin, *première fleur du printemps*.

Prinos, peut-être du grec, *scie*, parce que les feuilles de presque toutes les espèces, sont à dents de scie.

Prockia . . . . .

Protea, de *Protée* dont parle la Fable, à cause des différences que présentent les espèces de ce genre, ou des nuances variées du feuillage de l'espèce nommée *Protée argentée*.

Proserpinaca. . . .

Prosopis, du grec, *masque*.

Prunella, nom allemand d'origine.

Prunus, nom asiatique d'origine.

Psidium, nom que plusieurs anciens Botanistes donnoient au Grenadier.

Psoralea, du grec, *gâle*, à cause des points glanduleux qu'on trouve sur les calices, les feuilles et les tiges de quelques espèces.

Psychotria, du grec, *fortifiant l'ame*, parce qu'on fait avec les graines d'une espèce de ce genre, une boisson aussi agréable que celle du café.

Ptelea, grec obscur.

Pteris, du grec, *aile*, à cause de la forme des feuilles.

Pterocarpus, du grec, *fruit ailé*.

Pteronia, ainsi nommé à cause

de la forme des semences, et des paillettes implantées sur le réceptacle.

Pulmonaria, du latin, *pulmo*, *poumon*, à cause des vertus attribuées à l'espèce officinale, pour guérir les maladies de ce viscère.

Punica, ainsi nommé, de Carthage son lieu natal, ou de la couleur de ses fleurs.

Pyrola, du latin, *Pyrus*, *Poirier*, à cause de la ressemblance des feuilles de la grande *Pyrole* avec celle du *Poirier*.

Pyrus, ainsi nommé à cause de la forme du fruit en pyramide.

Q.

QUASSIA, du nom d'un Nègre qui en découvrit les vertus.

Quercus, du grec, *rude*, parce que son écorce est rude au toucher.

Queria, du nom d'un Botaniste Espagnol.

Quisqualis, nom que *Rumphius* a donné à la plante qui constitue ce genre, à cause des changemens qu'elle éprouve.

R.

RAJANIA, du nom d'un Botaniste Anglois.

Randia, du nom d'un Pharmacien Anglois.

Ranunculus, du latin, *rana*, *grenouille*, parce que plusieurs espèces de ce genre croissent dans les lieux aquatiques.

Raphanus, du grec, *je parois rapidement*, parce que les semences lèvent promptement.

Rauwolfia, du nom d'un Botaniste Allemand.

Reaumuria, du nom d'un Naturaliste François.

Reseda, du latin, *sedare*, *appaiser*, parce que les Anciens s'en servoient pour appaiser les inflammations.

Restio. . . . .

Rhacoma, synonyme de *rha*, selon *Pline*.

Rhamnus, nom donné par les Anciens à des plantes très-différentes.

Rheedia, du nom d'un Botaniste Hollandois.

Rheum, du grec, *couler*, à cause de sa vertu purgative.

Rhexia, du grec, *fracture*, à cause de la structure des étamines.

Rhinanthus, du grec, *fleur*, *nez*, à cause de la forme de la corolle.

Rhizophora, du grec, *porte-racine*.

Rhodiola, ainsi nommé à cause de l'odeur de la racine qui approche de celle de la *Rose*.

Rhododendrum, du grec, *arbre de rose*, à cause de la couleur de ses fleurs.

Rhus, du grec, *rouge*, à cause de la couleur du fruit.

Ribes, de l'arabe, *aigre*, *acide*.

Riccia, du nom d'un Botaniste de Florence.

Richardia, du nom d'un Botaniste.

Ricinus, ainsi nommé à cause de la ressemblance des semences avec l'insecte que les Anciens appeloient *Ricinus*.

Ricotia, du nom d'un Botaniste Italien.

Rivina, du nom d'un Botaniste Allemand.

Robinia, du nom d'un Professeur de Botanique à Paris.

Roella, du nom d'un Professeur d'Anatomie à Amsterdam.

Rondeletia, du nom d'un Naturaliste François.

Roridula, ainsi nommé à cause des poils dont les feuilles sont garnies, et qui sont terminés par des gouttes jaunes gluantes, semblables à des gouttes de rosée.

Rosa, du grec, *Rhodon*, *Rose*.

Rosmarinus, *rosée de mer*, selon les uns, parce que ses feuilles sont garnies d'une poussière blanchâtre semblable à la rosée; et selon d'autres, parce que ses feuilles ont une saveur amère, approchant de celle de l'eau de la mer.

Rotala, du latin, *rota*, *roue*, à raison de la disposition des feuilles.

Royena, du nom d'un Botaniste Hollandois.

Rubia, du latin *rubere*, *devenir rouge*, parce qu'une espèce de ce genre est employée pour teindre en rouge.

Rubus, du latin, *ruber*, à cause de la couleur rouge des fruits du *Rubus fruticosus*, L. avant leur maturité.

Rudbeckia, du nom d'un Botaniste Suédois.

Ruellia, du nom d'un Botaniste François.

Rumex, latin radical.

Rumphia, du nom d'un Botaniste Hollandois.

Ruppia, du nom d'un Botaniste Allemand.

Ruscus, peut-être du latin, *rusticus*, ou *planta rustica*, parce que les paysans couvroient anciennement les viandes qu'ils vouloient conserver avec les feuilles de l'espèce appelée *Ruscus aculeatus*, pour les défendre des rats.

Ruta, du grec, *je conserve*, à cause du grand usage que les Anciens faisoient de la *Rue* pour conserver ou rétablir la santé.

S.

SACCHARUM, nom arabe.

Sagina, du latin, *engrais*.

Sagittaria, du latin, *sagitta*, *flèche*, à cause de la forme des feuilles.

Salacia. . . . .

Salicornia, du latin, *sel*, *carne*, parce que l'on retire du sel de quelques espèces de ce genre, et parce que les articulations sont garnies de deux pointes.

Salix, du latin, *salire*, parce qu'il croît très-vite.

Salsola, ainsi nommé à raison de la *Soude* qu'on retire par incinération de la plupart des espèces de ce genre.

Salvadora, du nom d'un Botaniste Espagnol.

Salvia, du latin, *salvare*, *sauver*, à cause des grandes vertus qu'on lui attribue.

Samara, nom donné à la semence de l'*Orme*.

Sambucus , de l'arabe , *purger*.

Samolus , de l'isle de *Samos*.

Samida , grec obscur.

Sanguinaria , ainsi nommé à cause de la couleur du suc de la racine.

Sanguisorba , du latin , *sanguinem sorbere* , à cause de sa vertu pour étancher le sang.

Sanicula , du latin , *sanare* , à cause des vertus vulnéraires de l'espèce appelée *Sanicula Europæa* , L.

Santalum , corrompu de l'arabe *sandal*.

Santolina , du latin , *sancta herba* , *herbe sainte* , à cause de ses vertus; ou de *santalum* , *santal* , à cause de son odeur.

Sapindus , du latin , *sapo* , *indus* , parce que l'écorce de son fruit est employée dans les Indes aux mêmes usages que le savon.

Saponaria , ainsi nommé , à cause de la propriété des feuilles de la *Saponaire officinale* , qui broyées et mêlées dans l'eau , forment une écume semblable à celle du savon.

Saraca , du nom d'un Botaniste.

Sarothra , du grec , *balai*.

Sarracenia , du nom d'un Botaniste et Médecin François.

Satureia , de l'arabe , *satar* , qui désigne dans cette langue la plus grande partie des labiées.

Satyrium , du latin , *Satyrus*.

Saururus , du grec , *lézard* , *queue*.

Sauvagesia , du nom d'un Botaniste François.

Saxifraga , ainsi nommé du lieu natal de la plupart des espèces qui naissent dans les fentes des rochers.

Scabiosa , du latin , *scabies* , à cause des vertus qu'on attribue à l'espèce nommée *arvensis* , pour guérir la gâle.

Scabrita , ainsi nommé , à cause de la forme et de la rudesse des rameaux.

Scævola , du latin , *gaucher* , ainsi nommé , à cause de l'absence de la lèvre supérieure de la corolle , supposée semblable à l'inférieure.

Scandix , du grec , *aigu* , parce que les semences du *Scandix* sont terminées en pointe.

Scheuchzeria , nom d'un Botaniste Suisse.

Schinus , nom que *Dioscoride* donnoit au *Lentisque*.

Schmidelia , du nom d'un Botaniste Allemand.

Schœnus , nom donné par les grecs à une espèce de jonc.

Schrebera , du nom d'un Botaniste Allemand.

Schwalbea , du nom d'un Médecin Hollandois.

Schwenkia , du nom d'un Botaniste Allemand.

Scilla , du latin , *arefacio* , parce que l'espèce appelée maritime croît dans les lieux sablonneux.

Scirpus , du latin , *jonc*.

Scleranthus , du grec , *fleur cendrée*.

Scolymus , du grec , *je déchire* , à cause des piquans dont la plante est armée.

Scoparia , du latin , *balayeuse* , parce qu'on fait des balais avec la *Scoparia dulcis* , L.

Scorpiurus, du grec, *queue de Scorpion*.

Scorzonera, du catalan, *scorzo*, *vipère*, parce que l'espèce ordinaire est employée contre la morsure de la vipère.

Scrophularia, ainsi nommé, parce que l'on a cru que l'espèce désignée sous le nom de *Scrophularia nodosa*, L. guérissoit les écrouelles.

Scutellaria, du latin, *scutum*, *écu*, espèce de bouclier, à cause de l'écaille en forme de bouclier qui accompagne le calice.

Secale, du latin, *secare*, *couper*.

Securidaca, du latin, *securis*, *instrument à couper*, à cause de la forme du fruit.

Sedum, du latin, *sedare*, *appaiser*, à cause de la vertu attribuée à quelques espèces de ce genre.

Seguieria, du nom d'un Botaniste François.

Selago, du latin, *seligo*, *je choisis*, parce que les Druides faisoient grand cas de cette plante.

Selinum, du grec, *marais*, parce qu'une espèce de ce genre croit dans les marais.

Sempervivum, ainsi nommé à cause de la durée des feuilles, qui sont toujours vertes dans plusieurs espèces.

Senecio, du latin, *senex*, *vieillard*, à cause des aigrettes des semences qui sont blanches.

Septas, du latin, *septem*, *sept*, à cause du nombre des parties de la fructification.

Serapias, du nom de *Serapis*, Divinité des Egyptiens.

Seriola, du grec, *petite chicorée*.

Scriphium, nom chaldéen.

Serpicula, ainsi nommé, parce que la tige rampe sur terre.

Serratula, peut-être de *serra*, *scie*, à cause des feuilles à dents de scie dans plusieurs espèces.

Sesamum, mot indien d'origine adopté par les grecs et les latins.

Seseli, nom barbare ou exotique.

Sesuvium, synonyme de *Sedum*.

Sherardia, du nom d'un Botaniste Anglois.

Sibbaldia, du nom d'un Médecin Écossois.

Sibthorpia, du nom d'un Botaniste Anglois.

Sicyos, nom que les anciens donnoient au *Concombre*.

Sida, nom donné au *Grenadier*.

Sideritis, du grec, *fer*, parce qu'on s'en servoit pour guérir les blessures.

Sideroxylon, du grec, *bois de fer*.

Sigesbeckia, du nom d'un Botaniste Russe.

Silene, du grec, *écumeux*.

Silphium, nom donné par les Anciens à une espèce de *Laserpitium*.

Sinapis, du grec, *nuisible aux yeux*, à cause de la grande acrimonie des semences.

Siphonanthus, du grec, *tubulé*, à cause de la forme et de la longueur de la corolle.

Sirium. . . . .

Sison, du grec, *se réjouir*.

Sisymbrium, nom donné par les Anciens à plusieurs plantes différentes.

Sisyrinchium, du grec, *groin cochon*, soit à cause de la forme de la racine, soit parce que les cochons la déterrent pour s'en nourrir.

Sium, du grec, *nager*, parce que plusieurs espèces de ce genre flottent sur les eaux.

Sloanea, du nom d'un Botaniste Anglois.

Smilax, du nom de *Smilax*, jeune fille qui, éprise d'amour pour *Crocus*, fut changée, selon la Fable, en cet arbuste.

Smyrnium, de la ville de Smyrne, ou parce que la racine a l'odeur de la *Myrrhe*.

Solandra, du nom d'un Botaniste Anglois.

Solanum, du latin, *solari*, *consoler*, à cause de la vertu calmante attribuée à quelques espèces de ce genre.

Soldanella, du latin, *soldum*, ou *solidum*, ou *sou*, à cause de la forme arrondie de ses feuilles.

Solidago, ainsi nommé, à cause de sa vertu vulnéraire.

Sonchus, du grec, *creux*, à cause de ses tiges qui sont fistuleuses.

Sophora, nom donné anciennement à une plante de la famille des fausses Légumineuses.

Sorbus, de l'arabe, *boisson*.

Sparganium, du grec, *ruban*,

ainsi nommé, à cause de la forme des feuilles.

Spartium, du grec, *lien*, parce qu'on se servoit des rameaux d'une espèce dont parle *Dioscoride*, pour lier la vigne.

Spatelia, ainsi nommé, à cause de la forme du spathe.

Spergula, du latin, *spargo*, parce que les semences se dispersent au loin.

Spermacoce, du grec, *semence aiguillonnée*, à cause des dents du calice qui surmontent le fruit.

Sphæranthus, du grec, *sphère fleur*, à cause de la forme des fleurs ramassées en têtes arrondies.

Sphagnum, mot employé par *Pline* pour désigner une espèce de *Mousse* qui croît sur les arbres.

Spigelia, du nom d'un Botaniste Flamand.

Spilanthus, du grec, *tache fleur*, à cause du contraste de la couleur des anthères et des corolles.

Spinacia, du latin, *spina*, selon quelques auteurs, à cause de sa semence aiguë et épineuse.

Spinifex, ainsi nommé, à cause de la forme des épis, terminés en pointe piquante.

Spiræa, du grec, *corde*, à cause de la souplesse des branches de quelques espèces.

Splachnum, nom donné par les Grecs à une espèce de *Mousse*.

Spondias, nom donné par *Théophrasie* à une espèce de *Prunier*.

Stachys,

Stachys, du grec, *épi*.

Stehælina, du nom d'un Botaniste Suisse.

Stapelia, du nom d'un Botaniste Hollandois.

Staphylea, diminutif de *staphylodendron*, *raisin*, *arbre*, en grec, à cause des fleurs disposées en grappes.

Statice, du latin, *stare*, parce que selon quelques auteurs, l'espèce appelée *Armeria* est employée pour orner les plate-bandes ; ou selon d'autres, parce qu'on se sert d'une espèce de ce genre pour arrêter les hémorragies du nez.

Stellaria, du latin, *stella*, *étoile*, à cause de la disposition des pétales.

Stellera, du nom d'un Botaniste Allemand.

Stemodia, ainsi nommé, à cause de la forme des filamens des étamines.

Sterculia, nom emprunté de la Fable.

Steris. . . . .

Stewartia, du nom d'un Botaniste Anglois.

Stilago. . . . .

Stilbe, du grec, *je brille*, à cause de la couleur éclatante des feuillets du calice intérieur.

Stillingia, du nom d'un Naturaliste Anglois.

Stipa, peut-être du latin, *stiparé*.

Stœbe, du grec, *couche*.

Stratiotes, du grec, *soldat*.

Tôme V.

Strumfia, du nom d'un Botaniste.

Struthiola, petite autruche.

Strychnos, grec obscur.

Styrax, nom grec ou syriaque, d'où est venu le nom latin, *stiria*, parce que la résine de cet arbre tombe goutte à goutte.

Subularia, ainsi nommé, à cause de la forme des feuilles en alêne.

Suriana, du nom d'un Botaniste qui accompagna *Plumier* dans ses voyages.

Symphytum, du grec, *joindre* ou *consolider*, à raison des vertus vulnéraires de l'espèce la plus commune.

Symplocos, ainsi nommé, à cause de la réunion des pétales.

Syringa, nom africain.

Swertia, du nom d'un Botaniste Hollandois.

Swietenia, du nom d'un Médecin qui contribua beaucoup à l'établissement du jardin de Botanique à Vienne en Autriche.

T.

Tabernæmontana, du nom d'un Botaniste Allemand.

Tagetes, mot corrompu de *Tanacetum*.

Tamarindus, de l'arabe, *tamar*, *fruit*, et du latin, *indus*, *inde*, ou *fruit d'inde*.

Tamarix, de l'hébreu, *je purge*; à cause de ses usages en Médecine.

B b

Tamus, étymologie obscure.

Tanacetum, corrompu d'*atha-nasio*, qui signifie en grec, immortalité, à cause de la du-rée des fleurs.

Tarchonanthus, de *tarchon*, nom donné par *Avicenne* à l'Estragon, et du grec, *fleur*.

Targionia, du nom d'un Bota-niste de Florence.

Taxus, du grec, *poison*, parce que l'*If* est un poison pour les chevaux.

Telephium, du nom de *Télèphe*, roi de Mysie.

Terminalia, du grec, *sommet*, parce que les feuilles pendent à l'extrémité des rameaux.

Tetracera, du grec, *quatre cor-nes*, à cause de la forme du fruit.

Tetragonia, du grec, *quatre an-gles*, à cause de la forme du fruit.

Teucrium, du nom de *Teucer*, prince Troyen.

Thalia, du nom d'un Botaniste Allemand.

Thalictrum, du grec, *vert*, parce que les premières pousses de quelques espèces de ce genre sont d'un beau vert, ou du grec, *rejet* et *genoux*, parce que diverses espèces produisent des rejets genouillés.

Thapsia, du nom d'une isle où fut découverte l'espèce appelée *Thapsia Asclepium*, L.

Thea, du chinois *Thée*.

Theligonum, du grec, *engen-drer* et *femme*, parce qu'on lui attribuoit la vertu de rendre les femmes fécondes.

Theobroma, du grec, *nourri-ture des dieux*.

Theophrasta, du nom d'un Na-turaliste grec.

Thesium, du grec, *serviteur*, à cause de ses usages.

Thlaspi, du grec, *je presse*, à cause de la forme du fruit qui est comprimé.

Thryallis . . . . .

Thuya, du grec, *je parfume*, à cause de l'odeur que répandent les feuilles lorsqu'on les froisse.

Thymbra, dérivé de *Thymus*.

Thymus, du grec, *courage* ou *cœur*, parce que le *Thym* ra-nime les esprits vitaux.

Tiarella, *petite tiare*, ainsi nom-mé à cause de la forme du fruit.

Tilia, du grec, *aile*, à cause des bractées qui aident à la graine à voler et à être em-portée dans les airs.

Tillæa, du nom d'un Botaniste Italien.

Tillandsia, du nom d'un Bota-niste Italien.

Tinus, peut-être du grec, *petit*, parce que la plante s'élève peu.

Toluifera, qui porte le *Tolu*.

Tordylium, du grec, *je tourne*, à cause de la forme des se-mences qui sont arrondies.

Torennia, du nom d'un Bota-niste Suédois.

Tormentilla, du grec, *tran-chées*, à cause des vertus at-tribuées à l'espèce nommée *T. erecta*, L. pour guérir les coliques et les maux de dents.

Tournefortia, du nom de l'im-mortel *Tournefort*.

Tozzia, du nom d'un Botaniste de Florence.

Trachelium, du grec, *cou*, à cause de la longueur du tube de la corolle.

Tradescantia, du nom d'un Naturaliste Anglois.

Tragia, du nom d'un Botaniste Allemand.

Tragopogon, du grec, *barbe de bouc*.

Trapa, du grec, *je tourne*.

Tremella, du latin, *tremere*, trembler.

Trewia, du nom d'un Botaniste Allemand.

Trianthema, du grec, *trois fleurs*, à cause du nombre des fleurs.

Tribulus, du grec, *trois pointes*, à cause des pointes dont le fruit est armé.

Trichilia, ainsi nommé, à cause du nombre des feuilles, des sillons de la capsule, des semences, etc.

Trichomanes, du grec, *cheveux à foison*, ainsi nommé, à cause de la propriété qu'on lui attribuoit de faire pousser les cheveux.

Trichosanthes, du grec, *chevelure et fleur*, à cause des franges que présentent les segmens du calice.

Trichostema, du grec, *filamens, cheveux*, à cause de sa racine qui est fibreuse et munie de beaucoup de chevelus.

Tridax, ainsi nommé, à cause de la forme des fleurons divisés en trois parties.

Trientalis, d'un mot latin, qui désigne une mesure de hauteur ou la troisième partie d'un pied.

Trifolium, ainsi nommé à cause du nombre des folioles dont chaque feuille des espèces de ce genre est composée.

Triglochin, du grec, *trois pointes*, parce que la capsule s'ouvre à la base en trois parties.

Trigonella, diminutif de *trigona*, *trois angles*, ainsi nommé à cause de la forme de la corolle.

Trilix, ainsi nommé à cause du nombre des feuillets du calice, et des pétales.

Trillium, du grec, *trois*, parce que plusieurs parties de cette plante sont au nombre de trois.

Triopteris, du grec, *trois ailes*, à cause de la forme du fruit.

Triosteum, ainsi nommé à cause des trois semences osseuses qui forment le fruit.

Triplaris, ainsi nommé à cause du nombre des segmens du calice, des pétales, du style, et de la forme de la noix.

Tripsacum, peut-être du grec, *percer*, parce que la bâle de la fleur femelle est percée à la base.

Triticum, du latin, *tritus*, broyement, parce qu'on bat les épis pour faire sortir les grains.

Triumfetta, nom d'un Botaniste Italien.

Trollius, nom allemand que Gesner a employé le premier.

Tropæolum, du grec, *petit tro-*

phée, à cause de la forme des feuilles et des fleurs qui représentent des boucliers, des casques, etc.

Trophus. . . .

Tubalgia. . . .

Tulipa, mot turc d'origine.

Turnæra, du nom d'un Botaniste Anglois.

Turræa, du nom d'un Botaniste Italien.

Turritis, ainsi nommé à cause de la disposition des tiges qui imitent une tour.

Tussilago, du latin, *tussis*, toux, parce que les fleurs du *Tussilage* ordinaire sont employées contre la toux.

Typha, du grec, marais.

U.

Ulex, du latin, *uligo*, à cause des lieux où croit l'espèce qui constitue ce genre.

Ulmus, latin radical.

Ulva, d'un mot dont les latins se servoient pour désigner toutes sortes de plantes aquatiques.

Uniola. . . . .

Urena, nom du Malabar.

Urtica, du latin, *urere*, brûler, à cause des poils piquans dont plusieurs espèces sont hérissées.

Utricularia, du latin, *utriculus*, à cause des vésicules ou utricules dont les feuilles sont garnies.

Uvaria, du latin, *uva*, à cause de la forme des fruits qui ressemblent à ceux de la vigne.

Uvularia, du latin, *uva*, parce que les fleurs sont disposées en petites grappes.

V.

Vaccinium, latin radical.

Valantia, du nom d'un Botaniste François.

Valeriana, du latin, *valere*, qui signifie avoir de grandes vertus.

Vallisneria, du nom d'un Médecin de Padoue.

Vandelia, du nom d'un Botaniste Portugais.

Varronia, du nom d'un Agriculteur Romain.

Vateria, du nom d'un Botaniste Allemand.

Vatica, étymologie douteuse.

Velezia, du nom d'un Botaniste Espagnol.

Vella, nom que *Galien* donnoit à une espèce de *Sisymbrium*.

Veratrum, du latin, *vertere*, parce que cette plante fait perdre l'esprit.

Verbascum, corrompu du latin *barbascum*, formé de *barba*, parce que la plupart des espèces de ce genre sont cotonneuses.

Verbena, c'est-à-dire, *Veneris vena*, parce que l'espèce commune étoit en grande vogue chez les magiciens, qui l'employoient sur-tout pour tâcher de rallumer les feux d'un amour prêt à s'éteindre.

Verbesina, ainsi nommé parce que la première espèce de ce genre a les feuilles semblables à celles de la Verveine.

Veronica, du nom d'une princesse.

Viburnum, du latin, *viere*, lier, parce que les nouveaux jets de la *Viorne*, souples et flexibles, peuvent servir de liens.

Vicia, du latin, *vincire*, lier, parce que la *Vesce* semble lier par le moyen de ses vrilles, les plantes qui l'avoisinent.

Vinca, du latin, *vincere*, vaincre, parce que la petite Pervenche triomphe de la rigueur des hivers.

Viola, nom grec venu de la nymphe *Io*; les Poëtes ont supposé qu'après sa métamorphose la *Violette* parut pour lui servir de pâture.

Viscum, du grec, *je retiens*, parce qu'il adhère aux branches des arbres.

Vitex, du grec, *je fléchis*, à cause de la flexibilité de ses rameaux.

Vitis, latin radical.

Volkameria, du nom d'un Botaniste Allemand.

W.

Wachendorfia, du nom d'un Botaniste Hollandois.

Waltheria, du nom d'un Botaniste Allemand.

Weimannia, du nom d'un Apoticaire de Ratisbonne.

Willichia, du nom d'un Botaniste Allemand.

Winterana, du nom d'un Navigateur Anglois.

X.

Xanthium, du grec, *jaune*; parce que l'espèce nommée *X. strumarium*, L. est propre, dit-on, à teindre les cheveux en blond.

Xanthoxylum, du grec, *bois jaune*.

Xeranthemum, du grec, *fleur sèche*, à cause des écailles du calice qui sont sèches et roides.

Ximenia, du nom d'un Botaniste Espagnol.

Xylophylla, ainsi nommé à cause de la dureté des feuilles.

Xylopia, du grec, *bois amer*.

Xyris. . . .

Y.

Yucca, mot péruvien.

Z.

Zamia, du grec, *dommage*, préjudice.

Zannichellia, du nom d'un Naturaliste Vénitien.

Zanonnia, du nom d'un Botaniste Italien.

Zea, du grec, *vivre*, parce que le *Mays* servit de nourriture aux premiers hommes.

Zinnia , nom d'un Botaniste
Allemand.

Zizania . . . .

Ziziphora , du grec et de l'indien,
qui porte le Zizi.

Zoëgea , du nom d'un Botaniste
Suédois.

Zostera , du grec , ceinture.

Zygophyllum , du grec , joug ,
feuille , à cause des feuilles réunies deux à deux.

FIN du Tome cinquième et dernier.

ERRATA.

<table>
<tr><td>

TOME I.ᵉʳ

Introduction , page xx , ligne première : Table alphabétique françoise ; lisez *Table alphabétique latine.*

Page 159 , genre 168 : CHALEF ; lisez ELAAGNE.

Page 213, ligne 1ʳᵉ : CHALEF, ÆLEAGNUS ; lisez ELEA-GNE, ELÆAGNUS.

Page 226, dernière ligne : terminées par un style plane; lisez *par un stigmate plane.*

Page 231, genre 215 : Cor. ciliée ; lisez *Cor. ciliée ou velue.*

Page 237, genre 251 : TRIOSTÉE ; lisez TRIOSTE.

Page 240, genre 334 : Nectaires en étoile ; lisez *à Nectaires en étoile.*

Page 245 , genre 388 : fruits comme arrondis ; lisez *fruits alongés.*

Page 246 , genre 400 : VIORNE ; lisez VIOANE.

Page 307 , espèce 20 : CAMPA-NULE des Rochers ; lisez *CAMPANULE des Pierres.*

Page 360, espèce 3 : S. Menalophleus; lisez *S. Melanophleum.*

Pag. 399, genre 323 : LAURIER-ROSE ; lisez NERIE, de même qu'à la page 233, à la table synoptique.

Page 511, espèces 5 et 6 : Pharnace distique et P. à feuilles en cœur : à rameaux tortueux ; lisez *à grappes tortueuses.*

</td><td>

TOME II.

Page 368, ligne première, après POTENTILLE intermédiaire le nom latin a été oublié; lisez *P. intermedia, L.*

TOME III.

Page 15 : espèce 24 ; lisez 23.

Pag. 16, ligne 6 : esp. 25 ; lisez 24.

Page 28 , Crapaudine , esp. 8 , la localité a été oubliée; ajoutez *en Syrie.*

Page 65 , ligne première : Bauh. Pist. ; lisez *Bauh. Hist.*

Page 89 , genre 808 : Anthirrhinum ; lisez ANTIRRHI-NUM.

Page 118 , Selagine , esp. 8 , la localité a été oubliée : lisez *au cap de Bonne-Espérance.*

Page 110 : ERINE, Erinus ; lisez ERINE , ERINUS.

page 131 , genre 846 , espèce 1 , la localité a été oubliée ; ajoutez *au Canada , en Virginie.*

Page 258 , ligne 5 , genre 938 ; ÉBÉNIER , EBENUS : sans ailes. Il y a un double emploi, le caractère de ce genre étant répété ligne 30 , où il doit être placé.

Page 302 , genre 938 , espèce 1 , la localité a été oubliée ; ajoutez *dans l'isle de Crète.*

Page 393 , ligne 1ʳᵉ : CITRON Oranger ; lisez CITRON-NIER *Oranger.*

Page 634 , lignes 9 et 10 , les synonymes de *G. Bauhin* et de

</td></tr>
</table>

Lobel ont été cités à faux pour la Boulette Ritro, *Echinops Ritro*, L. La citation de Lobel est *Spina alba*, *Icon. 2, p. 9, fig. 2.*

TOME. IV.

Page 23, genre 1100, esp 1 et 2, la localité est mal indiquée; celle de l'espèce 2 doit être rapportée à l'espèce 1; et pour celle de l'espèce 2, lisez *sur les Alpes de Lapponie.*

Page 36, *Grenadille*, espèce 23; la localité a été oubliée; ajoutez *en Virginie, au Brésil.*

Page 62, à la table synoptique, le genre 1171, Charme, *Carpinus*, a été oublié; lisez CHARME, *CARPINUS.*

M. *Cal. Chatons* à écailles placées en recouvrement les unes sur les autres. *Cor.* nulle. Dix *Étamines.*

F. *Cal.* à six segmens peu profonds. *Cor.* nulle. deux *Pistils.* Une *Noix* nue.

Page 200, genre 1213 : ZANTHOXYLUM; lisez *XANTHOXYLUM.*

TOME V.

TABLE première, page xviij, lettre Z, 1ʳᵉ colonne, ligne 4 : Zanthoxyle; lisez *Xanthoxyle*, nom générique qui doit être placé au commencement de la lettre X.

TABLE seconde, page iij, lettre C; ajoutez après *Caralpinia*, ligne 4, *Ceanothus*; ces deux noms ont été placés mal-à-propos page 4, aux deux dernières lettres de la première colonne.

Page viij, lettre H : Heliotropium, tome II; lisez *tom. I.*

Page x, lettre L, seconde colonne, ligne 13 : Littospermum; lisez *Lithospermum.*

Page xvj, lettre S, première colonne, ligne 14 : Stœbolina; lisez *Stæhelina.*

Page xviij, lettre Z, première colonne, le genre *Zantoxylum* a été placé mal-à-propos dans cette lettre; il est indiqué lettre X, première colonne, ligne 2.

TABLE cinquième, page ix, lettre G, ligne 10 : Chamœ-Cyparissus; lisez *Santolina Chamœ-Cyparissus*, et non pas *Artemisia*, le tiret (—) a été placé mal-à-propos sous le nom *Artemisia.*

TABLE septième, page xix, ligne cinquième des noms génériques : Bursa-pastoris; lisez —*Bursa-pastoris*, le tiret (—) qui remplace le mot *Thlaspi* ayant été oublié.

TABLE onzième, pag. ij, colonne première, ligne 11 : MORISOS, Anglois; lisez *Écossois.*